조건 없는 사랑

KB148791

제인 소벨 클론스키 Jane Sobel Klonsky는 여행, 라이프스
타일, 스포츠 분야에서 자신의 작품으로 잘 알려진, 수상 경력
이 있는 사진작가이다. 클론스키는 게티 이미지 Getty Images를 위
해 광범위하게 일을 했고 지난 40년 동안 세계 곳곳에서 사진
을 찍는 활동을 해왔다. 몇 권의 책을 쓴 저자이기도 한 클론스
키는 남편 아서와 반려견, 찰리와 샘과 함께 현재 버몬트에서
살고 있다. 또한 클론스키는 영화 제작자인 딸 케이시와 종종
공동으로 작업을 하기도 한다.

조건 없는 사랑

오랜 친구, 반려견과의 깊은 신뢰와 사랑

제인 소벨 클론스키 지음

이경희 옮김

생각의집 🏠

Copyright © 2016 Jane Sobel Klonsky
Copyright © 2019 (Korean Edition) Jane Sobel Klonsky
All rights reserved. Reproduction of the whole or any part of the contents without written permission
from the publisher is prohibited.
Additional photography: 12-13, Lisa Cueman; 14-15, Kacey Klonsky; 15, Gwenn Bogart
NATIONAL GEOGRAPHIC and Yellow Border Design are trademarks of the National Geographic Society,
used under license.
This Korean translation is published by arrangement with NATIONAL GEOGRAPHIC PARTNERS,
LLC through Greenbook Literary Agency.

이 책의 한국어판 저작권과 판권은 그린북저작권에이전시영미권을 통한 저작권자와의 독점 계약으로 생각의집에 있습니다.
저작권법에 의해 한국 내에서 보호를 받는 저작물이므로 무단 전재와 무단 복제, 전송, 배포 등을 금합니다.

조건 없는 사랑 - 오랜 친구, 반려견과의 깊은 신뢰와 사랑

초판 1쇄 발행 2019년 10월 21일
글 ★ 제인 소벨 클론스키
번역 ★ 이경희
펴낸이 ★ 권영주
펴낸곳 ★ 생각의집
디자인 ★ design mari
출판등록번호 ★ 제 396-2012-000215호
주소 ★ 경기도 고양시 일산서구 후곡로 60, 302-901
전화 ★ 070·7524·6122
팩스 ★ 0505·330·6133
이메일 ★ jip2013@naver.com
ISBN ★ 979-11-85653-61-7 (13490)
CIP ★ 2019036676

옮긴이 _ 이 경 희
고려대학교 대학원에서 영어번역학을 전공하고 글밥 아카데미와
한겨레 어린이책 번역작가 과정을 수료했습니다. 현재 출판 번역
가로서 영어와 우리말을 끝없이 공부하며 좋은 글을 번역하는데
힘쓰고 있습니다. 옮긴 책으로는 『히스토리』,『5분 작가』,『철학의
책』,『심리의 책』,『더그래픽북』,『위대한 예술』등이 있습니다.

지금은 우리 곁을 떠났지만 여전히 우리의 마음속에 영원히 남아 있는
사랑하는 반려견들에게 모두 이 책을 바칩니다.
특히, 이 책이 소중한 이유를 매일 떠올리게 해주는
나의 사랑하는 찰리^{Charlie}와 샘^{Sam}을 기리며……

클레어^{Claire}, 16년 (데비 마크스^{Debbie Marks})
1쪽 : 호프^{Hope}, 11년 (테리 헴브리^{Teri Hembree})
2-3쪽 : 킴 피퍼^{Kim Pieper}와 클로에^{Chloe}, 14년

차 례

타라, 7년 (짐 모리슨)

그린 도그 구조센터의 개들, 8~12년 (콜린 콤스)

올리버, 12년 (크리스틴 스미스)

코퍼, 11년, 샘, 10년 (샌디와 마이크 바치노)

파블로, 13년 (존 클라인)

말리와 샐리, 10~12년 (진 데이비스)

조니, 14년 (캐럴라인 캡스)

포샤, 11년 (로코 마지오토)

매기, 15년 (마라 보브선)

미샤, 13년 (파울라 몬테이스)

리비, 15년 (이슬라 보니필드)

터커, 15년 (하이디 체임벌란)

맬컴, 13년 (젠 헤크먼)

날라, 11년 (에이드리언 산타르칸젤로)

에덴, 15년 (로리 브랜치)

코나, 14년 (벤 레논)

베다, 13년 (비디 드워킨)

오거스트, 10년 (지닌 아무르)

네빌, 10년 (세스 멀린)

벨라, 12년 (줄리 부사)

머큐리, 16년, 이카보드, 15년 (미리엄 쿠퍼)

코코 푸딩, 12년 (브라이언과 케이티 베일리)

제이크, 15년 (캐럴 루스키)

에드, 16년 (조 마일스)

네키아, 10년 (제니퍼 카크닉)

빌리, 13년 (캐슬린 콜슨)

지나, 9년 (카렌 로사바흐)

멋빌 노령견 구조 단체의 개들, 10~13년 (패티 스탠턴)

록시, 10년 (폴리 왓슨)

서문

　나는 38년 동안 전문 사진작가로 살아오면서 반려견을 사랑하는 열정을 작품으로 만들어내고 싶은 꿈이 있었다. 그리고 마침내 그 꿈을 클레멘타인이라는 노령견 잉글리시 불도그와 우연히 만나면서 실현하기 시작했다.

　나는 사랑스러운 모습의 클레멘타인을 보험중개인 안젤라의 사무실에서 처음 보았다. 클레멘타인은 안젤라의 책상 옆에 있는 편안한 잠자리에서 행복하게 누워 있었다. 그때 나는 안젤라와 클레멘타인의 소통에서 분명히 드러나는 깊은 유대감에 매우 흥미를 느꼈다. 안젤라와 함께 있는 것은 분명 아홉 살 클레멘타인에게 존재의 이유였다. 둘 사이의 유대감에 설명할 수 없는 깊이가 있었다. 나는 그 모습을 정확히 담아내고 싶어서 다음 날에 클레멘타인과 안젤라의 사진을 찍기로 했다.

　클레멘타인을 담은 첫 번째 사진 촬영이 내 안의 뭔가를 일깨웠다. 그것은 바로, 인생의 황혼기에서 이뤄지는 사람과 반려견 사이의 놀라운 관계를 담아내고 싶은 열망이었다. 그 열망은 내게 사람과 반려견의 친밀한 관계를 담아낼 영광스러움뿐만 아니라 설렘과 만족스러움 같은 여러 감정들까지 일어나게 했다. 그때부터 이 책의 프로젝트가 시작되었다. 나는 노령견을 키우는 사람들이 진심으로 나와 일하고 싶어 하고, 더욱이 사진 촬영에 기꺼이 시간을 내어주려 한다는 사실을 알게 되었다. 내가 남편, 아서에게 그 사람들의 이야기를 들려주자 아서는 참여자들이 각자의 사연을 글로 남겨보면 어떨까하는 제안을 했다. 개개인의 사연을 모으기 시작했을 때 나는 그 이야기들이 예상치 못하게 사진에 깊이를 더해준다는 사실을 깨달았다. 그렇게 해서 마음을 울리는 정서들이 '조건 없는 아름다운 사랑' 프로젝트에 헤아릴 수 없을 정도로 더해졌다.

나는 내 작품에 조건 없는 사랑과 충실성이라는 놀라운 유대감을 담아내면서 관계의 축복이라는 느낌을 계속 받았다. 그 느낌은 존 마지오토John Maggiotto가 쓴 그의 오랜 친구 스텔라(열다섯 살의 래브라도 리트리버)에 관한 글 가운데 이런 아름다운 표현과 같다. "나는 스텔라가 개 목걸이를 하는 것이 너무 싫었다. 그리고 스텔라가 원해서 나와 함께 지낸다면 더욱 공평하다는 생각이 들었다. 우리가 가장 좋아하는 놀이는 산책할 때 즐기는 숨바꼭질이었다. 우리는 여전히 똑같은 경로로 산책을 하지만 이제는 더 많은 인내력이 필요하다. 영리한 스텔라는 더 이상 찾지 않고 그냥 내가 다시 나타나기를 기다린다. 나는 곧 우리의 놀이가 끝이 나지 않을까 하는 생각이 든다. 스텔라가 숨으면 내가 스텔라를 찾지 못할 날이 올 지도 모른다."

'조건 없는 아름다운 사랑' 프로젝트는 내가 초반에 예상했던 것보다 훨씬 규모가 커졌다. 나는 전국 곳곳을 여행하고 그 과정에서 새로운 친구도 사귀고 반려견뿐만 아니라 삶과 나 자신에 관해서도 많은 것을 깨달았다. 또한 이 프로젝트를 확장해서 계획한 비디오 시리즈 '조건 없는 아름다운 사랑의 이야기Unconditional Stories'를 만들어내기 위해 매우 유능한 영화제작자인 내 딸 케이시와 함께 작업하는 기쁨도 누렸다.

나는 '조건 없는 아름다운 사랑' 프로젝트를 만들면서 사람들이 반려견에게 쏟아야 하는 헌신과 그 반려견이 똑같이 그대로, 때로는 더 많은 사랑을 돌려주는 방식에 대해 깊은 공감을 느낄 수 있었다. 반려견과 함께 지내는 일은 우리에게 큰 기쁨을 안겨줄 뿐만 아니라 베푸는 일과 진정한 인간의 의미에 관한 많은 교훈을 가르쳐준다. 내게 감흥을 주는 것은, 오랜 관계든 새로운 관계든, 사람과 반려견이 맺은 관계의 아름다움이다. 나는 '조건 없는 아름다운 사랑' 프로젝트가 마찬가지로 여러분에게도 깊은 감동을 주기를 희망한다.

베일리 Bailey

{ 16년 ‖ 닥스훈트 ‖ 캘리포니아 거주 }

내 일기장에게,

오늘은 나의 16번째 생일이야. 왜 이렇게 야단법석을 떠는지 난 도무지 모르겠어. 해마다 일어나는 일이잖아. 내 인간 가족들은 늘 내게 저녁식사로 아이스크림을 주면서 엄청난 선물을 주는 듯 행동을 해. 16년이 지나도 내가 알아차리지 못한 줄 알고 있나봐. 난 나이에 비해 영리하지만 속아주는 척 하는 거야. 이유야 아무럼어때 잘 맞춰주는 게 좋아. 무엇보다 난 가족들을 사랑하기 때문이야. 물론 아이스크림도 매우 좋아해. 그 외에도 이렇게 몇 가지 내가 정말 좋아하는 목록이 있어.

- 흙 위에서 마음껏 뒹굴기
- 축 늘어져 드러눕기
- 비올 때 용변보기(정말 짜릿하거든!)
- 내가 짖는 소리
- 오만과 편견(제인 오스틴하고는 아무런 상관없어, 정말이야)
- 난폭하게 행동하기

난 조그마한 강아지 때부터 지금까지 오래 살았지만 사실 16세인 지금이 가장 좋아. 꽤 위풍당당하게 컸지. 손에 쥐가 나니까 이제 쉬어야겠어. 이 유명 인사는 잠도 충분히 자야하니까. 다음에 또 보자.

사랑을 담아, 베일리

— 알리야 웨이스 Aliya Weiss

헤이버리 Avery 🐾

{ 17년 5개월 ∥ 잉글리시 스프링어 스패니얼 믹스견 ∥ 오리건 거주 }

무슨 말부터 시작해야할까? 에이버리는 나의 반쪽이다. 에이버리는 내가 대학 졸업할 때 엄마의 선물로 내 삶에 나타났다. 개를 안락사 시키는 켄터키 유기견 보호센터에서 스프링어 스패니얼 믹스견들 중에 제일 작고 약한 새끼로 태어난 에이버리를 엄마가 데려왔다. 나는 개를 기를 준비가 되어 있지 않았다고 생각했지만 에이버리는 그렇지 않다는 것을 알고 있었다. 에이버리는 내가 자라서 더 좋은 사람이 되도록 도움을 주었다. 그리고 내가 건강문제, 실직, 여러번의 이사, 조부모와 아빠와 고모와 삼촌의 죽음 등 여러 일을 겪는 동안 늘 내 곁을 지켜주었다. 나는 에이버리가 내 삶에 나타나기 몇 주 전에 데이트를 하기 시작했다. 그리고 지금 에이버리는 남편에게도 삶의 전부가 되었다.

대서양과 태평양 연안 지역에 가본 적이 있는 에이버리는 여전히 우리의 다른 두 강아지들과 함께 산책을 즐기곤 한다. 에이버리는 더 이상 늘 다니던 거리까지 멀리 가지는 못하고 유모차를 타고 집까지 달리는 것을 더 좋아한다. 에이버리는 눈이 반쯤 보이지 않고 귀도 거의 들리지 않는다. 그리고 두 다리의 전방십자인대가 파열되었고 췌장염, 갑상선 질환, 만성 비뇨기 감염 질환 등을 앓고 있다.

의사는 에이버리가 활기가 넘친 듯 보여 우리와 좀 더 함께 지낼 수 있을 거라고 했다. 하루하루가 에이버리에게는 큰 선물이다. 에이버리가 잠을 자다가 나직이 으르렁거리며 꼬리를 흔드는 모습을 보면 나는 여전히 저절로 웃음이 나온다. 그리고 모든 노력에 가치가 있다는 사실을 깨닫는다.

― 젠 드베어 워너 Jen DeVere Warner

18

"에이버리가 잠을 자다가 나직이 으르렁거리며 꼬리를 흔드는 모습을 보면 나는 여전히 저절로 웃음이 나온다. 그리고 모든 노력에 가치가 있다는 사실을 깨닫는다."

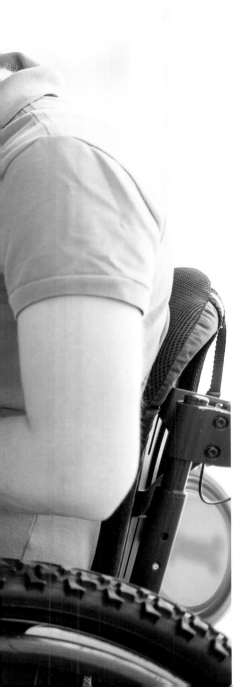

카스핀 Caspin

{ 8년 ‖ 래브라도 리트리버와 골든 리트리버의 믹스견 ‖ 캘리포니아 거주 }

　'케이나인 컴패니언 포 인디펜던스Canine Companions for Independence'의 대표적인 도우미견, 카스핀은 6년 동안 나를 위해 일 해왔다. 나는 가끔 움직이기 힘들뿐만 아니라 말을 하기도 거의 불가능한 근육긴장이상이라는 장애를 앓고 있다. 우리가 함께 지내온 이후 카스핀은 미국식 수화에서 50가지 이상의 명령과 의사소통을 습득하게 되었다.

　카스핀은 많은 불가능한 일을 수행했다. 이를 테면, 내가 근육긴장이상 발작이 일어났을 때 나를 집으로 데려다주었고, 내가 2년 동안 입원치료를 할 수 있도록 본능적으로 도와주었으며, 또한 내가 마비가 와서 움직이지 못하고 수화를 하지 못할 때조차 단순히 내 눈빛만을 보고 내가 무엇이 필요한지 알아차리기도 했다. '조지아 공과대학의 파이도Georgia Tech's FIDO' 연구팀의 협력으로 카스핀은 스피커를 작동시키는 특수 조끼 위의 끈 감지기를 당겨 도움을 청할 수도 있다. 이 장치는 주인에게 주의가 필요하다는 사실을 주변인에게 알리는 역할을 한다.

　나와 카스핀은 정말 놀라운 한 팀이다. 카스핀은 많은 어렵고 힘든 도전을 정복하도록 나를 도와주었다. 카스핀 덕분에 나는 우수한 성적으로 청각 장애인을 위한 '갈루뎃 대학교Gallaudet University'를 졸업할 수 있었고, 세계 알파인 '모노스키 대회alpine monoski'에 나갈 수 있었으며, 또한 가족과 3,000마일 떨어진 곳에 있는 꿈의 직장까지 다닐 수 있게 되었다. 카스핀은 나의 자립심과 존엄성을 세워주었고, 나의 든든한 보디가드이자 세상에 둘도 없는 친구다.

　우리는 함께 성공을 이루며 나날이 성장하고 있다.

— 월리스 브로즈먼 Wallis Brozman

스퍼 Spur 🐾

{ 13년 ‖ 알래스칸 허스키 ‖ 알래스카 거주 }

나는 '아이디타로드 개썰매Iditarod sled 경주'에서 은퇴한 열 세 살의 스퍼를 입양했다. 그 뒤로 우리는 떼어놓을 수 없는 사이가 되었다. 이제 스퍼는 내 그림자와 같다. 집에 있을 때도 이 방에서 저 방으로 나를 졸졸 따라다니고 사람들이 붐비는 밖에서도 내 꽁무니만 쫓아다닌다. 하지만 내가 스퍼가 끄는 썰매 줄을 잡고 눈길 위를 질주할 때는 상황이 완전히 바뀐다. 그렇게 스퍼는 썰매를 끌려고 태어난 존재다.

한번은 우리가 동짓날 밤에 열린 6마일 구간의 스키 대회에 참가한 일이 있었다. 그날 밤, 우리는 2마일 지점까지 가다가 한 언덕 위에서 더 이상 꼼짝 못하게 되었다. 그런데 그 순간, 내 불안감을 알아차린 스퍼가 재빨리 몸을 돌려 내가 손에 움켜쥐고 있던 끈을 잡아당겼다. 그리고는 우리가 출발했던 지점으로 혼자 도로 달리기 시작했다. 나는 너무 놀라 스퍼의 목에 달린 붉은 빛이 어둠속으로 사라지는 것을 멍하니 지켜보았다.

나는 곧 정신을 차리고 이번 스키 대회의 파트너인 조와 함께 스퍼의 뒤를 쫓았다. 스퍼가 무사할 거라는 조의 위로에도 나는 최악의 상황만 떠올렸다. 마침내 경기 출발점에 도착한 우리는 그곳에서 스퍼를 찾아냈다. 스퍼는 한 트럭의 뒤 타이어 옆에서 공처럼 잔뜩 웅크리고 있었다. 그 후 스퍼와 나는 다시 한 번 스키 모험에 도전했다. 이번에는 아무런 망설임도 없었다. 동짓날 밤에 겪은 일로 스퍼는 내게 야외 모험을 즐길 수 있는 긍정적인 생각을 일깨워준 것이다.

나의 충실한 스퍼는 내가 영감을 떠올릴 수 있도록 끊임없이 도와준다. 온종일 계속되는 모험을 해도 나는 스퍼가 피곤해하는 모습을 한 번도 본 적이 없다. 스퍼는 자전거와 스키나 썰매 경주에서도 나를 계속 끌어주었다. 지금 바람이 있다면 내가 황혼기에 접어들어도 스퍼처럼 강인했으면 좋겠다는 생각이 든다.

— 몰리 포스터 Mollie Foster

네블리나 Neblina

{ 14년 이상 ‖ 믹스견 ‖ 매사추세츠 거주 }

'퍼피Puppy'는 네블리나와 함께 살기 시작한 이후 내가 한때 부르곤 하다가 이젠 입에 붙어버린 네블리나의 별칭이다. 나는 지금도 정식 이름인 네블리나보다 '퍼피'로 더 많이 부른다. 스페인어로 '안개, 구름, 수증기'라는 뜻의 네블리나는 퍼피의 털 색깔이 그런 회색빛을 띠고 있기 때문에 지어진 이름이다(예전엔 회색빛이었지만 지금은 하얀빛에 훨씬 더 가깝다). 내가 퍼피를 찾아낸 곳 근처에 살던 한 젊은 어부가 그 이름을 지어준 것이다.

아, 그랬다. 나는 14년 전 캠핑 여행을 하다가 멕시코, 바하칼리포르니아Baja California의 태평양 연안 지역의 사막에서 네블리나를 우연히 발견했다(어쩌면 네블리나가 나를 발견했을 지도 모른다). 네블리나는 가엾은 작은 생명체로 보였다. 그리고 그때는 잘 몰랐지만 사실 어린 강아지였다. 거의 굶주려 있던 네블리나는 몸에 벼룩과 상처로 뒤덮여 있었다. 나는 그런 네블리나를 들어 올릴 엄두가 나지 않았다. 하지만 한 친구의 재촉으로 네블리나를 들어 올린 나는 몇 분도 채 안되어 네블리나를 도저히 내려놓지 못하겠다는 생각이 들었다. 네블리나는 온통 두려움에 질려 있었다. 늘어나는 개의 개체 수는 통제가 안 되고 이렇다 할 먹이도 없는 그 황량한 사막에 네블리나가 남아 있었다면 코요테 같은 맹수들 속에서 앞으로 살아남기란 힘들지 않았을까? 분명 그랬을 것이다!

네블리나는 바하 사막의 토종으로 멕시코 잡종견이다. 네블리나는 날씬하고 날렵하여 지금의 나이에도 그레이하운드처럼 달릴 수 있다. 또한 매우 우아하게 생겼고 키가 큰 풀 속으로 가젤처럼 껑충껑충 뛰어다니기도 한다. 그리고 네블리나는 매우 온순해서 한 친구로부터 '간디 강아지'라는 별명을 얻을 정도였다.

우리가 버몬트 중심지에 있는 집에 도착했을 때 네블리나는 트럭에서 뛰어내려 거의 눈에 파묻혀 버렸는데도 전혀 놀라지 않았다. 그렇게 네블리나는 내 삶으로 바로 뛰어들었고 이제 14년이 지난 지금까지 내 고향에서 나의 사랑을 받으며 지냈다. 네블리나는 한시도 나와 떨어져 있지 않으려고 해서 내가 네블리나를 남겨두고 외출하는 것을 매우 싫어한다(나도 네블리나와 떨어져 있기가 힘들다).

나는 한때 네블리나와 함께 매일 산악자전거를 타러 가곤 했다. 이제 우리는 그런 삶에서 은퇴를 한 것 같다. 대신에 네블리나는 나이 많은 개에 걸맞게 침대에서 꽤 많은 시간을 보낸다. 그래도 내 아내와 네블리나는 계속 놀이도 하고 아이들처럼 집 주변에서 달리기도 할 것이다. 많은 스냅사진들 중 하나를 보면 네블리나에게 약간 분리불안증이 있지 않을까하는 생각이 든다. 네블리나는 더러워진 빨래 더미에서 양말 하나를 꺼내 마룻바닥에 놓아두는 버릇이 있다. 하지만 그 양말을 씹지는 않는다(네블리나는 구분할 줄 알아도 깨끗한 양말은 고르지 않는다). 이상하게도 수년 동안 그런 행동을 해왔다. 나는 도저히 이해할 수는 없지만 네블리나의 작은 머릿속에서 일어나는 그런 행동이 매우 신기했다.

네블리나의 사연을 들은 사람들은 네블리나를 구한 내가 매우 친절하다고 말한다. 그럴지도 모르지만 그 친절한 행동 때문에 나는 하루에도 수많은 보상을 받고 있다.

수의사는 네블리나의 심장이 약해지고 있다고 한다. 하지만 나는 자연의 순리에 맡기려 하고 네블리나가 불편해하면 약도 먹이지 않을 생각이다. 그리고 네블리나의 생명을 끝내도록 선택할 필요가 없기를 간절히 바라고 기도한다.

나는 인간을 위한 천국이 있는지는 잘 모르겠지만 강아지를 위한 천국은 있다고 믿는다.

나의 네블리나, 네블리니타, 퍼피를 위해.

— 팀 라이스 Tim Rice

그레이스 Grace

{ 15년 ‖ 보더 콜리 ‖ 버몬트 거주 }

두 명의 인간 가족과 함께 살며 집고양이 한 마리에 염소와 닭으로 가득한 작은 농장이 있는 나 같은 양치기 개한테는 더 바랄게 없을 것이다. 난 이제 인생의 황혼기에 접어들었다고 생각하지만 여전히 해야 할 일이 있다. 염소와 닭을 모는 일을 어떻게 하느냐고? 그 일은 식은 죽 먹기다. 내 다리가 얼마나 빠르냐하면 난 잠을 잘 때도 종종 가축을 뒤쫓는 꿈을 꾼다(분명 잠꼬대도 한다).

난 젊었을 때 매우 열정적으로 일했다. 동물 모양의 봉제 인형까지 눈에 보이는 건 모두 감시하고 몰았다. 만일 알아서 이동하지 않는 것이 있었다면 내가 직접 공중으로 던져버렸을 것이다. 뭐, 고백하자면 지금도 여전히 그렇게 하고 있다.

난 인간 가족을 무척 사랑한다. 그리고 인간 가족이 나를 사랑하는 방식도 너무 마음에 든다. 계속 귀여움을 받고 있고 이제 나이가 드니까 매일 마사지도 받는다. 인간 가족은 나를 위해 집안에서도 장난감을 던지고 바구니에서 꺼내오라는 장난감을 내가 정확하게 고르면 매우 즐거워한다. 그들은 인간의 일이든 뭐든, 자신들이 하는 모든 일을 나와 함께 하려고 한다. 난 예전에는 좀 더 독립적인 생활을 즐기곤 했지만 지금은 인간 가족과 함께 더 많은 시간을 보내고 싶다. 하지만 이제 난 인간 가족이 여전히 즐기는 하이킹을 다 할 수 없다. 그래서 인간 가족은 나를 특별한 '그레이스 하이킹'에 데려가 내가 원하는 대로 킁킁거리며 냄새를 맡고 꾸물거릴 수 있게 해준다. 인간 가족은 내가 세상에서 가장 좋은 개라고 한다. 어쩌면 그 말대로 난 세상에서 가장 좋은 개가 아닐까.

사랑을 담아, 그레이스

— 애니 루브라이트 Annie Rubright 와 진 골즈버러 Jean Goldsborough

바르바렐라 Barbarella 🐾

{ 13년 ‖ 핏불 테리어 ‖ 버몬트 거주 }

사랑은 함께하는 우리의 삶에서 매우 경이로운 순간을 담아낸다. 여러분이 바르바렐라를 만났더라도 사랑할 수밖에 없었을 것이다.

나와 바르바렐라는 서로에게 없어서는 안 될 특별한 존재였다. 그래서 나는 바르바렐라를 매우 사랑했는지, 바르바렐라에게 그 이상으로 헌신을 했는지 스스로에게 종종 물어보곤 했다.

나는 바르바렐라없이 살 수 있을 거라 생각하지 않았다. 우리는 하나의 팀이었다. 그리고 함께 모든 일을 헤쳐 나갔다. 함께 있을 때 우리는 강했고 총명했으며 아름다웠다. 내 삶에 단 하나뿐인 반려견, 바르바렐라가 지금은 세상을 떠나고 없다.

결국 스스로에게 던진 질문의 대답에, 나는 바르바렐라를 아낌없이 사랑하지 않았다고 고백할 수밖에 없다. 사랑은 영원하다. 그런 숭고한 사랑의 의미를 알려준 바르바렐라, 네게 고마움을 전한다.

진심어린 사랑을 보내며,

— 제니퍼 랄리 Jennifer Lalli

우리는 하나의 팀이었다.

그리고 함께 모든 일을 헤쳐 나갔다.

함께 있을 때 우리는 강했고

총명했으며 아름다웠다.

루시와 사비 Lucy and Savvy 🐾

{ 루시 ‖ 14년 ‖ 카발리에 킹 찰스 스패니얼 ‖ 캘리포니아 거주 }
{ 사비 ‖ 13년 ‖ 스패니얼 믹스견 ‖ 캘리포니아 거주 }

나는 사비가 겨우 한 살 때부터 돌봐주기 시작했다. 사비는 사람에게 겁을 많이 내는 개였기 때문에 동물 보호소에서는 사비를 입양시키는데 어려움을 겪었다. 사비는 곧 내게 맡겨졌고 나만 신뢰하게 되었다. 그러다가 사비는 어떤 은퇴한 독신 여성에게 재빨리 입양되었다. 그들은 함께 잘 지냈지만 사비는 나를 잊지 못하는 듯 보였다. 사비의 주인이 6년 뒤 세상을 떠났을 때 그 주인은 유언으로 사비를 내게 남겨두었다. 이 일을 계기로 나는 '피스오브마인드 도그 레스큐Peace of Mind Dog Rescue'라는 자선단체를 운영하기 시작했다. 이곳에서는 고령자와 시한부 환자들로부터 애완견을 데려오고 여러 동물 보호소에서 나이 많은 개들을 구조해오는 일을 한다.

루시는 사비가 다시 돌아왔을 무렵에 바로 우리와 함께 살기 시작했다. 루시의 보호자들이 80대 후반이 되어 루시를 더 이상 돌볼 수 없었기 때문이다. 루시는 낙천적이고 순하고 귀여우며 명랑한 성격이다. 그래서 마주치는 사람을 누구든 잘 따르고 아무것도 두려워하지 않는다. 사비와는 정반대의 성격이다. 그래서 루시는 사비의 치료견이 되었다. 마침내 사비도 루시와 함께 있으면 낯선 사람들의 손길에 얌전해졌고 스트레스를 받지 않고 조련사나 수의사에게 갈 수 있게 되었다.

사비는 성격이 많이 밝아졌지만 여전히 나만 따르고 있다.

— 카리 브뢰커 Carie Broecker

조 Joe 🐾

{ 11년 이상 ‖ 저먼 셰퍼드 믹스견 ‖ 캘리포니아 거주 }

나는 어떤 나이 많은 동물과 인연을 맺을 운명이었다고 생각한다. 나 역시 이를 테면 나이 많은 동물이기에 우리가 고요한 에너지 같은 것을 나눌 수 있지 않을까 하는 마음 때문이었다. 매우 사랑스러운 조와 맺은 인연으로 나는 기쁨도 누리고 나이가 들면서 생기는 복잡함을 경험할 기회도 생긴다.

로스앤젤레스 거리에서 떠돌던 조는 처음에는 두려움과 슬픔이 가득했고 거의 걷지도 못했다. 나는 그런 모습의 조를 '툴라니 프로그램Thulani Program'에서 입양했다. 그곳은 나이 많고 거의 죽어가는 저먼 셰퍼드를 위한 구조 단체이다.

이후 수년 동안 나는 조를 정성껏 돌보았고 조에게 안전과 편안함뿐만 아니라 즐거움과 평화를 안겨주며 매우 의미 있는 경험을 했다. 그리고 조가 신뢰를 쌓고 변화에 적응하며 점점 발전하는 모습을 지켜보면서 경외심과 삶의 보람도 느꼈다.

— 발레리 아우어바흐 Valerie Auerbach

샤이엔 Cheyenne 🐾

{ 17년 ‖ 래브라도 리트리버와 아키타의 믹스견 ‖ 뉴욕 거주 }

뜻밖의 행운이나 우연 또는 운명이라고 해야 할까, 그렇게 샤이엔은 내 삶에 나타났다.

17여 년 전, 조지아 주 애틀랜타에서 친구 빌과 살고 있었던 나는 우리가 함께 지낼 수 있는 '딱 적당한 강아지'를 찾고 있었다. 우리는 몇 달 동안 주말마다 지역 동물보호협회를 방문했지만 운이 따라주질 않았다. 1997년 슈퍼볼Super Bowl Sunday[1]이 열리던 날에 나는 혼자 동물보호협회를 들렀는데 그곳은 고양이와 개를 입양하는 사람들로 넘쳐났다. 그곳을 둘러본 나는 놀랍게도 골디락스[2] 같은 느낌을 받기 시작했다. '저 강아지는 너무 커.' '또 저 강아지는 너무 작은데.' 그리고는 잠시 뒤, 나는 함께 바싹 달라붙어 있는 강아지 두 마리를 보고 이런 생각이 들었다. '저 강아지가 딱 적당하겠군!'

좀 더 자세히 살펴보니 강아지들의 목에는 입양을 기다리는 붉은 꼬리표가 각각 달려 있었다. 나는 이만 돌아가서 다음 주에 다시 찾아볼까 생각하다가 돌아가기 전에 그 귀여운 강아지들을 한번 안아보고 싶었다. 그래서 우리로 가까이 다가가 강아지 한 마리를 들어 올렸다. 그런데 강아지 자매 아래쪽에 목에 꼬리표가 없는 세 번째 강아지가 웅크리며 자고 있었다. 그 노르스름하면서도 하얀 빛깔의 매력 없는 강아지를 팔로(그리고 가슴으로) 감싸 안은 나는 절대 내려놓고 싶지 않았다.

1) 미국 프로미식축구 챔피언 결정전, 슈퍼볼 선데이라고도 함.
2) 영국의 전래동화 《골디락스와 곰 세 마리》에 등장하는 소녀의 이름에서 유래한 용어로 골디락스는 곰이 끓인 세 가지의 수프, 뜨거운 것과 차가운 것, 적당한 것 중에서 적당한 것을 먹고 기뻐한다.

샤이엔은 우리가 반려견으로 기대한 모습 그 이상의 존재였다. 빌이 샤이엔과 교감을 느끼는데 몇 년이 걸렸지만 교감이 이루어지자 우리는 완벽한 '하나의 팀'이 되었다. 그동안 우리가 함께 겪은 이야기는 애완동물을 사랑하는 사람이라면 충분히 알 수 있는 그런 수년 동안의 (좋고 나쁜 일들을 모두 포함한) 소중한 경험으로 가득하다.

샤이엔은 열여섯 살에 암을 두 번이나 이겨냈지만 나이가 많은 탓에 기력이 쇠해지고 있었다. 빌은 늘 이렇게 말했다. "샤이엔은 순수한 사랑의 힘으로 계속 살아가고 있어." 나도 그 말이 사실이라고 믿는다. 샤이엔은 열일곱 살에 건강이 갑자기 악화되었다. 몸무게가 급격히 줄고 혼자 걷지도 못했다. 곧 샤이엔은 먹고 마시는 것도 중단했다. 그리고 며칠 뒤, 샤이엔은 사랑하는 빌의 품에서 세상을 떠났다.

— 토드 콜린스 *Todd Collins*

프리지어 Freesia 🐾

{ 11년 ‖ 래브라도 리트리버 ‖ 버몬트 거주 }

버몬트 주 경찰의 경찰견 조련사에게 가장 멋진 일 중 하나는 함께 일할 가장 좋은 친구를 데려오는 일이다. 8년 동안 아무리 안 좋은 날이라도 나는 사랑스러운 검은 개Little Black Dog(경찰에서는 그 개를 간략하게 '엘비디LBD'라고 불렀다) 한 마리를 늘 데리고 다녔다. 공식적으로는 폭약 탐지견이고 비공식적으로는 부서의 치료견이기도 한 프리지어는 분명 가장 인기 있는 경찰 부대원이었다. 버몬트 주 의회 의사당이나 지역 학교 또는 버몬트 공공 안전부서 본부의 행정 사무소에서든, 내 이름은 기억되지 못해도 프리지어는 많은 이들에게 이름이 알려져 있었다.

8년이 지나도 프리지어는 계속 일을 할 수 있었지만 소속 부서와 나는 프리지어가 버몬트 시민들을 위한 임기를 다 채웠다고 생각했다. 프리지어는 경찰 순찰차에서 불러주기를 바라면서 여전히 매일 아침에 부서의 출입문으로 들어온다. 하지만 우리는 프리지어가 이제 한 가정의 애완견으로 삶을 누릴 때가 되었음을 깨달았다. 사람들이 머리를 어루만지며 '착한 숙녀가 되어라'는 소리를 들은 프리지어도 앞으로 가정에서 지낼 거라는 사실을 알고 있다.

— 밥 루카스 Bob Lucas

크링글 Kringle 🐾

{ 18년 ∥ 몰티즈 ∥ 뉴욕 거주 }

크링글은 매우 특별하다. 단연코 매우 총명한 개라 할 수 있는 크링글은 무엇이 필요하고 무엇을 바라는지 잘 표현하며 내가 원하는 것을 예상하기도 한다. 크링글은 내가 우리 아이들 외에 가장 사랑하는 존재다. 더욱이 크링글은 늘 내 곁을 지키는 한결같은 친구다.

교외에 살던 우리는 크링글이 여덟 살이 되었을 때 맨해튼의 한 아파트로 이사를 갔다. 그곳은 크링글이 매우 좋아하는 환경이었다. 아파트 엘리베이터가 어른과 아이들뿐만 아니라 여러 애완견들도 함께 어울리는 장소가 될 정도였다. 크링글은 주변 거리의 활기에도 흥미를 느꼈다. 그곳의 상점들이 새로운 모험을 할 수 있는 기회를 제공했기 때문에 크링글은 완벽한 쇼핑객이 되었다.

운 좋게도 우리가 매디슨 스퀘어 파크Madison Square Park 근처에 살고 있어서 크링글은 그 공원의 벤치 하나를 즐겨 이용하는 방문객이 되었다. 크링글은 날씨가 좋건 험악하건 그곳에서 열리는 도서 발표회에 끝까지 자리를 지켰고 오후와 저녁 음악 프로그램에도 참석했다. 내가 사고를 당한 후에 보행보조기를 사용해야 했을 때 크링글이 함께 걸을 때마다 나를 계속 지켜보는 모습은 사람들에게 화제가 되기도 했다.

이제 매디슨 스퀘어 파크까지 걸어가는 일은 크링글의 심장에 부담이 된다. 그래서 나는 쇼핑 카트에 담요를 깔고 크링글을 태워 그곳까지 데려간다. 길을 가다가 눈에 띄는 행인들이 있으면 크링글은 흥미를 느끼며 쇼핑 카트에서 몇 번이고 일어나곤 한다. 크링글은 이제 나이가 많지만 여전히 명랑한 모습을 간직하고 있다. 그리고 반려견만이 줄 수 있는 기쁨과 사랑과 우정이라는 소중한 느낌을 내게 선사해준다.

— 시드 레비 Syd Levy

벤틀리 Bentley 🐾

{ 14년 ‖ 래브라도 리트리버 ‖ 인디애나 거주 }

벤틀리는 내게 어떤 의미일까? 벤틀리는 내게 독립심과 자신감과 우정을 의미한다.

열네 살 때 시력을 완전히 잃은 나는 열일곱 살 때 도우미견과 처음 생활하기 시작했다. 그 전까지는 여행은커녕 거의 외출도 하지 못했다. 하지만 도우미견과 생활하기 시작한 이후 나는 이제 혼자 여행할 자신감이 생겼다. 그리고 그 자신감은 내 삶의 모든 측면에서 생기기 시작했다.

나는 2006년부터 네 개의 주를 거치며 살아왔다. 그런 나를 이사할 때마다 따라다닌 벤틀리는 내가 했던 모든 일을 함께 한 유일한 존재였다. 벤틀리는 내 가족이다. 벤틀리가 환영받지 못하는 곳이 있다면 나 역시 그곳에서 환영받지 못한다.

도우미견과 함께 생활하려면 신뢰가 기반이 되어야 한다. 도우미견을 신뢰하지 못하면 도우미견을 데리고 다닐 수 없다. '시각 장애인 안내를 위한 눈Guiding Eyes for the Blind'이라는 도우미견 육성 단체가 벤트리를 훈련시키는 과정에서 한번은 우리가 거리를 건너고 있을 때였다. 그때 갑자기 모퉁이에서 차 한 대가 나타나더니 우리를 향해 달려오고 있었다. 하마터면 나는 그 차에 치일 뻔 했지만, 순간 벤틀리가 나를 떼밀었고 차는 벤틀리의 머리를 살짝 스치고 지나갔다. 벤틀리가 나 대신에 타격을 입었던 것이다. 그래도 벤틀리는 주저하거나 두려워하지 않았다. 벤틀리는 곧 길 가에 있는 내게 돌아왔고 우리는 안전하게 길을 건넜다. 그 일이 있은 후, 나는 벤틀리가 내게 꼭 필요한 존재라는 사실을 깨달았다.

　　나는 벤틀리와 생활한 지 12년이 지났다. 벤틀리는 젊었을 때 달리거나 높이 뛰어오르는 것을 좋아하곤 했다. 벤틀리는 이제 더 이상 예전처럼 달리거나 뛰어오를 수 없지만 요즈음은 잠을 자다가 달리곤 한다. 나는 벤틀리가 젊은 시절의 꿈을 꾸지 않을까하는 생각이 든다. 벤틀리가 잠을 자면서 달릴 때마다 나는 얼굴에 웃음이 번진다. 그렇지만 벤틀리가 다시는 젊은 시절로 돌아갈 수 없다는 사실에 한편으로 슬프기도 하다.

ㅡ 위완자 메이 Jywanza Maye

"

도우미견과 함께
생활하려면 신뢰가
기반이 되어야 한다.
도우미견을 신뢰하지
못하면 도우미견을
데리고 다닐 수 없다.

"

매기 Maggie 🐾

{ 15년 ‖ 보더 콜리 믹스견 ‖ 버몬트 거주 }

매기는 매우 순하고 조용한 성격이지만 늘 구속을 원하지 않는 자유로운 영혼을 지녔다. '러틀랜드 카운티 동물 애호 협회Rutland County Humane Society'에서 6개월 때 길 잃은 강아지로 구조된 매기는 우리 밖으로 나와 철사로 엮은 울타리를 올라 지붕 위에 앉아 있곤 했다. 매기는 나와 함께 살면서도 뜰에 있는 울타리를 오르기 시작했다. 내가 울타리를 점점 더 높이 만들었지만 '작은 원숭이'라는 별명까지 붙은 매기는 7피트 내지 8피트 되는 철조망 울타리도 오를 수 있었다. 그래도 매기는 멀리 가지는 않았다. 그냥 이웃을 산책하고 우체국을 방문하거나 누군가가 들여보내줄 때까지 집으로 향한 진입로에 앉아 있곤 했다.

매기에게는 숲 속을 달리는 일이 삶의 가장 큰 기쁨이었고 지금도 여전히 그렇다. 이제 열다섯 살이 된 매기는 하이킹에 나서기를 늘 좋아하지만 엄마와 함께 조금 더 느긋한 속도로 하이킹하는 정도에 만족한다. 그래도 우리는 가능한 모든 기회를 함께 찾아내고 있다.

— 애니 페이스 Anne Pace

라일라 Lila 🐾

{ 14년 ‖ 시베리안 허스키 믹스견 ‖ 버몬트 거주 }

나는 애완견을 키운 적은 없었지만 개를 늘 가까이 하며 돌보는 것을 좋아했다. 온갖 종류의 동물을 키워본 우리 가족은 이번에는 애완견을 키우기로 했다. 전처와 딸이 동물 보호소를 방문하다가 집에서 꼭 키우고 싶은 반려견을 만난 것이다. 그래서 우리는 집으로 데릴라를 데려오게 되었고 곧바로 이름을 라일라로 바꾸었다. 라일라는 활력이 넘치고 명랑해서 예전에 어떤 문제가 있었는지 우리가 짐작해볼 수 있었다.

라일라는 늘 기운이 넘쳤다. 그래서 라일라는 산책도 좋아했지만 큰 길이나 작은 오솔길에서 나와 함께 달리기를 하거나 하이킹, 스키, 스노슈잉snowshoeing 등 우리가 찾아내곤 하는 야외 모험을 훨씬 더 좋아했다. 그렇게 라일라는 어느 곳이든 가려고 했다.

라일라는 늘 어느 누구든 가족이라고 생각했다. 라일라는 의자나 소파, 어느 곳이든 편하게 있으려고 했고 또 누구에게든 뛰어오르거나 바싹 달라붙으려고 했다. 그리고 침대 한가운데를 차지하며 완전히 편하게 있으려고 한 지 수년이 지났다. 라일라는 안정되고 행복하고 편안할 때 이상한 소리와 한숨을 내뱉었다.

라일라가 내게 가르쳐준 한 가지 교훈은 매 순간을 즐기며 사는 일이었다. 라일라는 아무리 오랫동안 안전하게 집에 혼자 있거나 보금자리 속에서 뒹굴고 있더라도 내가 도착할 때마다 달려 나와 반갑게 맞으며 공중으로 거의 1미터나 뛰어오르곤 했다. 그 모습을 보고 어떻게 반갑고 고마워하지 않을 수 있을까? 방해나 앞으로의 의무가 아닌 관심과 기쁨과 고마움으로 사랑하는 사람들을 집에서 맞이하는 법을 인간은 반려견한테서 배울 수 있을 것이다.

라일라는 삶을 멋지게 살았으며 또 오래도록 건강하게 살았다. 그렇다, 그런 삶이 라일라에게는 노력이었다. 하지만 라일라는 기쁨과 미소와 웃음을 우리의 삶에 안겨주었다. 라일라는 매 순간을 즐겁게 사는 데 능숙했다.

라일라는 과거나 미래에 너무 집착하면 바로 이 순간을 즐기는 법을 너무 쉽게 잊어버릴 수 있음을 내게 보여주었다. 이를테면, 아침에 내리는 서리, 해가 질 무렵의 빛나는 저녁노을, 영롱하게 반짝이는 밤하늘의 별들, 밤의 어둠속에서 들을 수 있는 소리 등을 잊어버릴 수 있다. 그리고 하루가 지나갈 무렵에 일을 마치고 집에 돌아오는 소중한 사람과 함께 조건 없는 사랑과 기쁨을 끝없이 나누는 표현도 너무 쉽게 잊어버릴 수 있다.

— 리 크론 Lee Krohn

멀리 Mully 🐾

{ 7년 ‖ 래브라도 리트리버 ‖ 캘리포니아 거주 }

소년과 반려견 : 웨슬리와 멀리

웨슬리와 멀리는 유기견 보호소나 애완동물 가게가 아니라 우리 집 앞뜰에서 서로 처음 만났다. 곧 둘은 친구가 되었다. 그에 비하면 8년 전, 의사가 아들의 자폐증 진단을 내리는 데는 정말 오랜 시간이 걸렸다. 웨슬리와 멀리의 만남은 우연이 아니었다. '다정하고 충성스러운 도우미견 협회Tender Loving Canines Assistance Dogs'를 통해 이루어진 둘의 만남은 위험 부담도 있었다. 집 밖으로 나가려하지 않는 아이들이 있는가하면, 집 안으로 들어오려고 하지 않는 개들도 있었기 때문이다. 웨슬리와 멀리는 전혀 그렇지 않았다. 둘은 시작부터 다정한 만남이 이루어졌다.

웨슬리와 멀리는 서로를 더욱 알아가는 과정에서 생긴 완벽한 신뢰와 즐거움이 기반이 되어 두터운 관계로 발전했다. 때때로 내 아들은 멀리가 꼬리로 나무 바닥을 반복해서 치는 소리만 좋아하는 것 같았다. 도우미견 자격을 갖춘 멀리는 어디든 갈 수 있었고 웨슬리도 그렇게 하고 싶어 했다. 처음에는 내가 웨슬리에게 멀리의 가죽 끈과 내 팔꿈치를 잡게 하여 (엄마들이 그렇듯이) 웨슬리를 늘 따라다녔다. 우리는 서점이나 도서관, 또는 박물관의 조각 공원까지 걸어가곤 했다. 그러던 어느 날, 웨슬리는 오후까지 내내 내 팔꿈치를 잡지 않았다. 웨슬리는 한 손을 자연스럽게 늘어뜨린 채, 다른 한 손으로 멀리의 가죽 끈을 꼭 잡고 있었다. 그렇게 하루를 보내며 우리가 신호등 앞에 있을 때였다. 몇 초 남지 않은 파란 신호등을 본 웨슬리가 "멀리야, 어서 가자!"하고 외치더니 멀리를 재촉하며 길을 건넜다. 순식간에 일어난 일이라 나는 다음 신호등을 기다려야 했다. 이는 마치 그렇게 되어야 하는 듯 자연스러운 일이었다.

— 클로디아 멧커프 Claudia Metcalfe

벨라 Bella 🐾

{ 15년 ‖ 스패니얼과 차우차우의 믹스견 ‖ 뉴저지 거주 }

뉴올리언스의 한 보호소에서 안락사를 당하기 전날 벨라를 구조한 이후로 나는 벨라와 12년 동안 함께 지냈다. 아니 더 정확히 말하면 벨라가 나를 구한 것이다.

국토를 횡단하면서 모험을 한 우리는 함께 아주 많은 곳을 여행하면서 7개 주를 거치며 살아왔다. 내가 이누피아크 에스키모Inupiaq Eskimo 마을에서 교사로 있는 동안에는 벨라와 함께 북극에서 지냈다. 벨라는 가정에서 학대를 받은 유아들로 가득한 내 교실에서 치료견의 역할을 했다. 아이들은 불안감으로 어른들에게 말하지 못하는 이야기들을 벨라에게 털어놓을 수 있었다. 벨라는 아이들의 이야기를 정말 잘 들어주었다.

벨라는 나의 나침반 역할도 해주었다. 우리는 툰드라와 바다 얼음 위, 뉴멕시코의 고지대 사막, 시애틀의 우림지역, 내가 태어난 중서부 농경 지대 등을 함께 하이킹한 적이 있었다. 그리고 우리는 내가 기억할 수 있는 곳보다 더 많은 산맥을 함께 횡단했다.

현재 뉴저지 주의 콜드웰에 살고 있는 우리는 이곳에서 조용한 일상을 보내고 있다. 이제 하이킹은 더 이상 즐기지 않는다. 대신에 우리는 근교로 매우 느리게 산책을 즐긴다. 나는 우리가 함께 즐긴 모험이 곧 끝난다는 걸 알면서도 그 사실을 받아들이기가 무척 힘들다.

— 켈시 하베커 Kelsea Habecker

"

벨라는……

내 교실에서 치료견의 역할을 했다.

아이들은 불안감으로

어른들에게 말하지 못하는 이야기들을

벨라에게

털어놓을 수 있었다.

"

릴리 Lily 🐾

{ 14년 ‖ 도베르만 핀셔와 로트와일러의 믹스견 ‖ 매사추세츠 거주 }

내 가족은 운 좋게도 지역 동물 보호소에서 한 마리 남은 어린 유기견을 데려왔다. 그 강아지는 세상에서 두 번째로 키우기가 까다로운 암컷이라고 알려져 있어서 우리가 키우기에 그리 좋을 것 같지 않았다. 아, 그런데 처음에 내린 판단이 이렇게 틀릴 줄이야. 릴리는 내가 고등학교 2학년이었을 때부터 내 첫 아이가 태어날 때까지 나와 함께 지냈다. 이제 열네 살이 된 릴리는 여전히 달리기나 수영하기, 또는 공놀이를 좋아하고 또 어릴 때처럼 안기는 것도 좋아한다.

릴리는 나를 보호했듯이 이제는 내 아들을 보호해준다. 아들이 울 때마다 모두 응해주고 누가 아들을 해코지할까봐 늘 지켜준다. 그렇게 매우 놀라울 정도로 헌신을 아끼지 않는 릴리 덕분에 우리 가족은 더욱 강해진 것 같다.

나는 행복하게도 매우 충성스럽고 너그러운 친구와 함께 성장할 수 있는 혜택을 누렸다. 릴리는 늘 곁에서 우리에게 미소를 지으며 끝없는 입맞춤으로 세상의 다른 모든 근심을 잊어버리게 한다. 릴리는 동물 보호소의 개를 입양하면 누구든 느낄 수 있는 모든 행복의 귀감이 되고 있다.

나의 귀여운 릴리에게 영원한 사랑을 보내며.

— 스콧 보체민 *Scott Beauchemin*

쿠키 Cookie 🐾

{ 14년 이상 ‖ 테리어 믹스견 ‖ 캘리포니아 거주 }

쿠키는 눈이 안 보인다. 모든 빛을 받아들이지 못할 정도다. 대신에 쿠키는 귀와 코를 잘 이용하여 살고 있다. 그리고 우리가 늘 곁에 있을 거라고 굳게 믿으며 살아가고 있다. 그래서 우리는 늘 쿠키의 곁에 있고 모두가 쿠키의 곁을 지킨다.

쿠키는 캐슬린과 나와 무차초Muchacho(줄여서 차초Chacho라고도 한다)와 함께 산다. 무차초는 멕시코, 후아레스의 어느 버스 정류장 뒤에서 우리에게 발견된 거의 푸들에 가까운 녀석이다. 우리와 함께 지내기 시작한 무차초는 전혀 마음을 열지 않고 두려움이 가득한 모습이었다. 더군다나 개다운 삶조차 전혀 모르는 듯 했다. 상처를 많이 받고 버려진 쿠키는 우리에게 왔을 때 무차초만 신뢰했다. 쿠키는 그래야 했다. 무차초가 쿠키의 유일한 희망이었기 때문이다.

쿠키가 무차초에게 자신을 이끌게 할수록 무차초는 점점 개다운 행동을 하기 시작했다. 쿠키는 무차초에게 놀이도 가르쳤다. 무차초는 우리로부터 사랑과 보살핌을 받아들이는 쿠키의 모습을 지켜보았다. 그러고는 무차초도 쿠키처럼 해보려고 했다. 쿠키는 무차초에게 삶의 목적을 부여했다. 무차초는 쿠키에게 눈이 되어 주고 마음도 주었다. 우리는 그렇게 두 반려견이 서로에게 마음을 여는 모습을 지켜보았다. 그리고 마침내 쿠키와 무차초는 서로 사랑하는 사이가 되었다. 어쩌면 둘 다 사랑은 처음일 것이다.

이제 우리가 두 반려견과 사랑에 빠질 차례였다. 유기견을 잠시 맡아 돌볼 때는 강아지가 늘 무릎에 드러누워 재롱을 피울 정도로 사람과 애완견 사이의 지나친 애착은 참아야 한다. 유기견을 조심스럽게 사랑하고 때가 되면 보내줘야 하는 마음이

JAN California 2016
www.MUTTVILLE.org
senior dog rescue
RSQZ DGS
...because it's never too late for a new beginning

어야 한다. 그러면 다른 유기견들을 돌보아 더 많은 생명을 구할 수 있다.

그런 식으로 우리는 사랑을 주었다. 우리는 조심스럽게 쿠키를 사랑했다. 우리는 최선을 다하면서도 감정을 조절하여 쿠키에게 치유될 수 있는 사랑을 주었다. 차초는 그런 사랑을 하지 못했다. 차초는 잃을 수 있다는 것도 모르고 사랑에 돌진했다. 차초는 쿠키와 매 순간 사랑에 빠졌다. 쿠키는 차초에게 안전하다는 느낌뿐만 아니라 생존을 위해 잃어버렸던 기쁨도 경험하게 해주었다. 차초는 쿠키에게 가족의 일부라고 느끼게 해주었고 자신감도 불어넣어주었다. 쿠키도 절제해야 하는 것을 전혀 모르고 사랑에 빠졌다.

우리는 '멋빌 노령견 구조 단체'의 입양 행사가 있을 때마다 쿠키를 데려갔다. 하지만 우리의 뛰어나고 영리하며 매우 회복력이 좋은 앞을 못 보는 숙녀는 입양될 기회마다 괴물로 변했다. 쿠키는 미친 듯이 짖었다. 그리고 입양될 개들이 함께 지내는 훈련용 우리도 뛰어넘었다. 결국 개를 입양하려는 사람들은 쿠키를 멀리했다. 우리는 쿠키의 그런 항의에 지친 모습으로 집에 돌아왔지만 쿠키는 차초와 신나게 놀 준비가 되어 있었다. 쿠키는 분명 차초와 함께 있기를 원했던 것이다. 그리고 우리와 함께 있기를 원했다. 쿠키를 데리고 마지막 입양 행사에 다녀온 후, 우리는 지친 몸을 이끌고 쿠키와 차초와 함께 바닥에 엎드렸다. 그리고는 우리도 쿠키와 차초와 함께 놀기 시작했다. 결국 우리는 앞뒤 헤아리지 않고 완전히 마음을 열어 두 반려견에게 아낌없는 사랑을 주기 시작했다.

쿠키와 차초는 이제 우리의 가족이다. 눈이 안 보이는 쿠키는 우리의 훌륭한 선생님이고 멕시코에서 구조한 겁이 많은 차초는 우리의 큰 기쁨이다. 쿠키와 차초는 우리가 기대했던 것 이상을 우리에게 주었다. 바로 사랑과 연민과 다정함과 커다란 기쁨을 우리에게 선사했다.

— 디어드리 키더 Deirdre Kidder

잭Jack 🐾

{ 10년 이상 ‖ 골든 리트리버 ‖ 버몬트 거주 }

　잭은 우리의 가장 좋은 운동기구 같았다. 어떤 날은 그냥 산책하고 싶지 않을 때가 있지만 그런 날에도 잭은 산책하고 싶어서 애원하는 그윽한 눈으로 쳐다보곤 했다. 그런 잭의 모습에 어떻게 반대를 할 수 있을까? 산 위로 스노슈잉하는 것은 우리가 가장 좋아하는 운동이었다. 데이브와 나는 눈 속을 터벅터벅 걸어갔지만 잭은 그 거리를 적어도 열 번째 오르는데도 늘 힘차게 뛰어올랐다.

　아무리 멀거나 오랫동안 하이킹을 해도 우리는 집으로 돌아오면 다시 가고 싶은 마음이 간절했다. 집에 있는 동안에도 계속 놀고 싶어 하는 잭은 테니스공을 찾아내는 놀이를 즐기곤 했다. 그래도 하이킹만이 잭에게 더욱 운동하고 싶은 욕구를 자극시켰다.

　(덧붙이는 글: 나는 테니스공이 처음 만들어지기 이전에는 골든 리트리버가 무엇을 찾아내는 놀이를 즐겼을지 궁금했다.)

　잭, 넌 정말 멋진 친구였고 우리는 모두 네가 무척이나 그립단다.

— 질 샌즈 Jill Sands

클로헤 Chloe 🐾

{ 9년 ‖ 페키니즈 ‖ 매사추세츠 거주 }

너무 늙어서, 너무 아파서, 너무 가난해서, 이렇게 너무 뭐하다고 기쁨을 찾아낼 수 없다는 건 말도 안 된다. 나는 클로에와 함께 매일 기쁨을 찾아낸다.

클로에가 없었다면 나는 아파트에서 하루 종일 텔레비전을 보며 시간을 보냈을 것이다. 그리고 내 자신이나 한탄하고 있지 않았을까. 어쩌면 삶을 포기했을 지도 모른다. 하지만 나는 날마다 잠에서 깨어나 클로에를 데리고 공원에 갈 때마다(클로에는 내 휠체어 옆에서 나란히 걸어간다) 세상에서 가장 운이 좋은 남자라는 생각이 든다. 클로에가 지쳐서 태워달라고 할 때는 가던 길을 멈추고 내 휠체어에 머리를 톡톡 치곤 한다.

우리는 서로를 잘 이해하고 있다. 그리고 함께 아이스크림도 먹는다. 우리는 그렇게 뭐든지 함께 한다.

― 웨이먼 시먼스 Waymon Simmons

> "
> 너무 늙어서,
> 너무 아파서,
> 너무 가난해서,
> 이렇게 너무 뭐하다고
> 기쁨을 찾아낼 수
> 없다는 건
> 말도
> 안 된다.
> "

조시 Josie 🐾

{ 10년 ‖ 잉글리시 마스티프 ‖ 매사추세츠 거주 }

조시의 진짜 이름은 조시 루 블루Josie Lu Blue다. 조시를 입양할 때 무게가 8파운드(3.6킬로그램)였기 때문에 나는 남편에게 조시가 크게 자라지는 않는다고 단언했다. 그런데 난 거짓말쟁이가 되고 말았다. 조시는 한창 때에 225파운드(102킬로그램)까지 무게가 나갔다. 마치 집에서 동물원의 거대한 동물을 키우는 것 같았다. 그래도 조시는 내게 가장 사랑스럽고 얌전한 친구다.

조시는 별명이 많다. 최근에 나는 조시를 '정의로운 개'라고 부른다. 조시가 잘못을 하는 일이 거의 없기 때문이다. 내 딸의 친구들은 조시를 '신발 신은 개'라고 부른다. 딸이 대학을 다니는 동안에 내 신발을 신고 있는 조시의 사진을 내가 매주 보내곤 했기 때문이다. 스트레스로 지친 대학 소녀들이 분명 그 사진을 보고 한바탕 웃음을 터뜨렸을 것이다.

그래서 조시를 정의로운 개, 신발 신은 개 등 뭐라 부르든 모두 내게 꼭 필요한 중요한 명칭들이다. 조시는 그리 활발하지도 다른 개들과 잘 어울리지도 않지만 그렇다고 까다로운 성격은 아니다. 조시는 가족을 사랑하는 열 살 소녀 같다. 그리고 우리 가족의 든든한 보호자다. 조시는 조시의 엄마처럼 사랑받고 필요한 존재가 되고 싶을 뿐이다.

그래서 나는 조시에게 받은 사랑을 그대로 전해준다. 나는 조시가 있어서 매우 행복한 사람이다.

― 스테이시 코언 Stacy Cohen

스톰과 썬더 Storm and Thunder 🐾

{ 10년과 8년 ‖ 믹스견 ‖ 일리노이 거주 }

스톰과 썬더는 더할 나위 없는 좋은 반려견이다. 스톰과 썬더는 우리가 아침에 일어나면 각각 침대 양쪽으로 달려와 코로 비벼대고 부드럽게 핥으며 아내 줄리와 내가 잘 있는지 확인한다.

스톰과 썬더는 장난감도 매우 부드럽게 다룬다. 장난감을 거의 물어뜯지 않고 핥고 다듬어주는 등 마치 강아지처럼 다룬다. '포스 시카고PAWS Chicago'라는 동물 보호소에서 데려왔을 때부터 스톰과 썬더는 똑같은 장난감을 갖고 있었고 당연히 새 장난감도 받았다.

스톰과 썬더는 사람들을 모두 잘 따를 정도로 순하고 특히 줄리와 나를 매우 좋아한다. 둘은 서로 떨어져 있거나 우리와 오랫동안 떨어져 있는 것을 싫어한다. 함께 있으려고 화장실까지 쳐들어가려고 한다. 우리가 단 5분 동안 방을 비우고 돌아와도 분명 스톰과 썬더는 매우 반가워하며 맞아줄 것이다.

— 트래비스 리 Travis Lee

스코티, 화화, 산드라 디
Scottie, Wawa, Sandra Dee 🐾

{ 12년, 11년, 10년 ‖ 비숑 프리제, 치와와, 몰티즈 ‖ 일리노이 거주 }

우리는 그리스의 크레타 섬에서 용감한 테리어 피펜을 발견했다. 길 잃은 개들이 대부분 그랬듯이 피펜도 휴가철이 끝난 후 지역 농부들에게 독살될 뻔 했다. 우리는 이 사랑스러운 강아지를 그런 잔인한 운명에 맡길 수가 없었다.

나와 내 딸은 시카고의 집 없는 고양이와 개들이 훨씬 더 열악한 삶을 살고 있다는 사실에 충격을 받았다. 매년 4,000마리 이상의 유기동물이 보호소로 옮겨지면 대부분은 죽임을 당했다. 이에 대응하여, 우리는 1997년에 '포스 시카고PAWS Chicago'라는 포괄적인 인도주의 단체를 창설했다. 그 이후 시카고에서 불필요하게 죽어가는 애완동물의 수는 약 77퍼센트 줄었다. 피펜은 2005년 10월 25일에 세상을 떠났지만 피펜이 남긴 의미는 아직도 이어지고 있다.

우리 가족은 다른 개들을 입양하면서 피펜을 계속 떠올리며 추모하고 있다. 지금은 스코티, 와와, 그리고 새로 온 산드라 디와 함께 지내고 있다. 2014년 11월에 포스 시카고가 주도하여 몰티즈 9마리를 구한 일이 있었다. 몰티즈 9마리는 한 사육자가 불결한 상태로 시카고의 유기견 보호소에 넘긴 개들이었다. 이런 특별한 개들 중 하나가 산드라 디였는데 내가 잠시 맡아 돌보다가 이후에 입양을 한 것이다. 산드라 디는 나를 쫓아다니고 때로는 눈에 잘 띄지 않는, 내 발치 가까이에 서 있는 것을 매우 좋아한다. 그래서 내가 문득 아래를 보면 산드라 디는 나를 쳐다보고 있다. 그런 산드리 디를 어떻게 사랑하지 않을 수 있을까.

— 폴라 파시스 Paula Fasseas

"

그래서 내가 문득 아래를 보면

산드라 디는 나를 쳐다보고 있다.

그런 산드리 디를

어떻게 사랑하지

않을 수 있을까.

"

패티 Patty 🐾

{ 13년 ‖ 핏불 ‖ 캘리포니아 거주 }

처음에 패티를 보았을 때 나는 눈물을 쏟을 뻔 했다. 나는 동물 관리 담당자animal control officer로 일하면서 때로는 매우 끔찍한 일들을 목격하곤 했다. 하지만 패티는 너무 굶주리고 방치된 상태라서 나는 충격까지 받았다. 부옇게 흐려진 눈을 하고 나이가 많았던 패티는 피부가 감염되어 있었고 이도 빠져 있었다. 사실 내가 감동을 받은 이유는 내가 패티에게 말을 건넸을 때 패티가 너무 행복해하며 흥분해하는 모습 때문이었다. 그 자리에서 나는 패티에게 마음을 빼앗기고 말았다. 패티는 털이 없는 바래진 꼬리를 너무 세게 흔들어서 거의 넘어질 뻔했다. 그때 나는 패티를 팔로 감싸 안으며 더 나은 삶을 주기로 다짐했다.

털이 빠진 깡마른 모습으로 내 집으로 들어간 패티는 자신의 왕국을 살폈다. 풍모가 너무 강력했던 패티는 우두머리 행세를 하는 다 자란 암컷 개들에게 거의 이런 식으로 부드럽게 인사하는 듯 보였다. "안녕, 친구들아. 난 너희들의 새로운 여왕이야." 그러자 나머지 개들은 곧바로 패티에게 고개를 숙였다. 그 개들은 모두 패티보다 더 컸지만 패티는 자세가 흐트러지지 않았고 으르렁거리지도 이를 드러내지도 않았다. 개들은 모두 그냥 패티를 받아들였다.

패티가 모든 편안함을 즐기면서 날마다 더 강하게 자라는 모습을 지켜보는 일은 내게 큰 기쁨이었다. 패티는 우리 집을 수백 배나 행복하게 만들었다. 만나는 사람들 모두에게 핏불 대사가 된 듯 패티는 위탁 동물로 우리 집으로 오는 새끼 고양이, 강아지, 상처받은 개, 겁먹은 개, 나이 많은 개 등 모두에게 위안이 되는 존재다. 매일 밤 내가 패티를 내 옆에 있는 두껍고 푹신한 잠자리에 패티를 재울 때마다 패티의 큰 갈색 눈 사이에 입맞춤을 해주며 패티가 우리의 삶에 나타난 것을 감사하게 생각한다.

ㅡ 셜리 진들러 Shirley Zindler

한나 Hanna 🐾

{ 12년 ‖ 골든 리트리버 ‖ 오리건 거주 }

사랑하는 누군가가 아프거나 죽으면 우리가 잠시 그를 돌아보며 추억하는 이유는 뭘까? 그렇지만 나는 한나가 죽을 때까지 기다리지 않고 한나가 내게 준 모든 것을 늘 감사해하며 살려고 한다.

한나가 죽는다면 나는 완전히 혼란에 빠질 것이다. 고통 속에서 헤어나지 못할 정도로 마음이 찢어지는 기분이 들지 않을까. 사람들은 내가 어리석다고 생각할지 모르지만 나는 내 아이 같고 마음이 통하는 가장 친한 친구 같은 한나를 사랑한다. 내 곁에 한나가 없는 지난 12년의 세월은 생각할 수가 없다.

한나는 남편 존이 내게 준 뜻밖의 크리스마스 선물이었다. 그 크리스마스 날에 나는 존에게, 한나와 함께 산 정상을 오르고 바다와 강에서 수영을 하고 또 내가 슬플 때 한나가 내 뺨에 흐르는 눈물을 핥아주는 그런 선물까지 받은 것이다. 그런 선물이 없었다면 아이들이 한나에게 글을 읽어주고, 한나의 등에 오르고, 한나의 곱슬곱슬한 귀를 쓰다듬고, 또 10파운드(4.5킬로그램) 나가는 돌덩어리들을 입에 물고 수 마일을 나르는 한나의 꽁무니를 쫓아가는 모습 등이 나는 어떤 것인지 몰랐을 것이다. 그리고 하루 종일 후드산Mt. Hood을 하이킹 한 후 한나가 캠프용 텐트 안에 자러 가거나 발에서 나는 기분 좋은 흙냄새를 맡는 모습도 지켜보지 못했을 것이다. 그 추억의 향기를 병에 담아 평생 간직할 수 있다면 나는 그렇게 했을 것이다. 하지만 지금은 한나를 꼭 껴안을 수 있는 것만으로 만족하고 싶다.

— 셰릴 멀로니 *Sheryl Maloney*

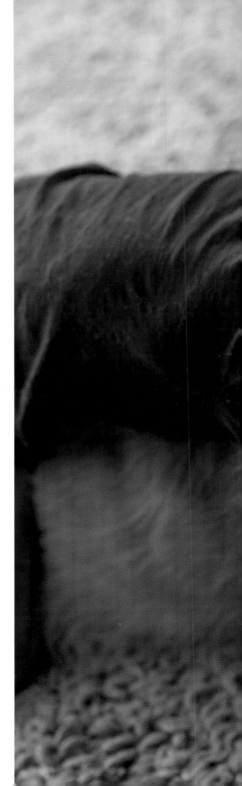

코디 Cody 🐾

{ 9년 ‖ 오스트레일리안 캐틀 도그 ‖ 텍사스 거주 }

나는 코디에게 아무것도 가르쳐주지 않았다. 코디는 그냥 뭐든 알아서 해낸다. 생후 8주 때 트럭에 태우자마자 우리는 마음이 통했다. 코디는 나름대로 생각을 가지고 있는 것 같다. 내 아내는 코디가 외계인 같다고 한다. 코디의 엄마는 블루 힐러Blue Heeler였고 아빠는 레드 힐러Red Heeler[1]였다. 코디의 이빨은 소를 몰아야 하기 때문에 다듬어져 있다. 소가 움직이지 않으면 코디는 소의 다리를 물고 늘어질 것이다. 그것이 코디의 일이다.

코디는 하루 24시간 나와 함께 있다. 잠을 잘 때도 내 침대 바로 옆에서 잠이 든다. 그리고 내가 화장실에 가면 나올 때까지 문 앞에서 기다리고 있다.

코디는 내가 아침에 하루 일과를 준비하는 방식의 순서를 잘 알고 있다. 내가 먼저 옷을 입으면 코디는 우리가 일하러 가지 않을 것을 알고 그대로 머물러 휴식을 취한다. 내가 먼저 양말을 신으면 코디는 일하러 갈 때라는 것을 알고 즉시 일어나 먹이를 먹는다.

아내는 코디가 비웃는다고 생각하기 때문에 코디의 웃는 모습을 별로 좋아하지 않는다.

세계 곳곳에서 남자들이 우리의 가축을 구매하려고 목장을 찾아올 때가 있다. 그 사람들은 코디가 소들과 아주 잘 지내기 때문에 늘 코디를 사려고 한다.

---

1) 오스트레일리안 캐틀 도그의 별칭으로 블루 힐러는 털색이 청회색인 목축견이고 레드 힐러는 털색이 황색인 목축견을 말한다.

그러면 나는 그들에게 이렇게 말한다. "내가 코디를 팔았다면 코디가 당신을 위해 아무것도 안 하려고 하기 때문에 결국 바가지를 씌우는 일이 되겠지요." 그리고 이렇게 덧붙여 말한다. "코디에게 뭔가를 하도록 한번 시켜보세요."

사람들은 내 말대로 시도를 해보지만, 코디는 그냥 그 자리를 떠나 버린다.

나는 코디에 관해 그 어떤 것도 변화시킬 생각이 없다.

— 바르바리토 '블래키' 에레디아 *Barbarito 'Blackie' Heredia*

몰리 Molly 🐾

{ 10년 이상 ‖ 몰티즈 ‖ 코네티컷 거주 }

몰리는 하늘이 준 선물이다. 몰리는 사랑하는 남편, 돈이 세상을 떠나고 일주기가 되던 때에 내 삶에 나타났다. 몰리와 나는 이제 떼어놓을 수 없는 사이이다. 몰리는 매우 흠모하는 눈으로 나를 쳐다본다. 마치 나와 함께 지낼 수 있어서 몰리가 매우 고맙다고 하는 것 같다. 몰리는 내가 몰리의 도움으로 엄청난 상실감을 사랑으로 채울 수 있어서 고마워한다는 걸 안다.

몰리는 미주리의 한 사육자로부터 구조되었다. 그 사육자는 몰리가 '암컷의 역할'로 더 이상 쓸모가 없어지자 넘겨주었다. 몰리는 나와 처음 만났을 때 아홉 살이었다. 나는 우리가 만나기 전의 몰리에게 있었던 모든 일을 들을 수 있다면 얼마나 좋을까 하는 생각이 들었다. 몰리는 내게 일어난 일을 모두 잘 알고 있다.

금방이라도 눈물이 날 것 같아 몰리의 이야기를 이제 마쳐야 할 것 같다.

— 셜리 칼카테라 Shirley Calcaterra

코코, 헤디스, 록시, 스텔라
Coco, Edith, Roxy, Stella 🐾

{ 코코 ‖ 10년 ‖ 치와와 믹스견 ‖ 캘리포니아 거주 }
{ 에디스 ‖ 12년 ‖ 포메라니안 믹스견 ‖ 캘리포니아 거주 }
{ 록시 ‖ 11년 ‖ 치와와 믹스견 ‖ 캘리포니아 거주 }
{ 스텔라 ‖ 11년 ‖ 프렌치 불도그 ‖ 캘리포니아 거주 }

라파엘과 나는 '멋빌 노령견 구조 단체'의 설립자인 셰리 프랭클린Sherri Franklin 을 소개받은 후 나이 많은 개들을 돌보는 일에 열중하게 되었다. 곧바로 영감을 받은 우리는 도움이 되고 싶어 개를 맡아 기르기로 한 것이다. 그리고 그때 미스티 케이 메이블린Misty Kay Mabelline이라는 작은 개를 두 팔로 안은 기억이 난다. 미스티는 분명 이상하게 보였다. 눈이 커다란 미스티는 혀를 입 밖으로 내밀고 있었고 뒷다리는 앞다리보다 길어서 굽 높은 구두를 신고 걸어가는 듯 보였다. 미스티는 까다로운 할머니 개 같았지만 몇 주 동안 미스티를 데리고 있던 우리는 미스티를 좋아하게 되었다. 미스티 케이는 3년 뒤 세상을 떠났지만 우리의 영원한 가족이 되었다.

우리는 계속해서 다른 나이 많은 개들을 잠시 맡아 길러 지금까지 30년 동안 많은 개를 보살펴 주었다. 개들은 대부분 집을 잃어버린 충격을 받은 채 우리 집으로 왔다. 또 치료받아야 할 정도로 아픈 개들도 있었다.

잠시 돌보던 개들과 작별하는 일은 늘 아름다우면서도 괴로운 일이다. 하지만 우리는 그 개들이 모두 그립더라도 너무 필요한 일이기에 개를 맡아 돌보는 일을 계속 실천하고 있다. 그래서 무거운 마음으로 우리는 눈물을 닦으며 작별을 하고는 그저 사랑이 필요한 겁먹은 개들을 새로 만나 인사를 건넨다.

— 조 마르코 Joe Marko

잠시 돌보던 개들과 작별하는 일은

늘 아름다우면서도 괴로운 일이다.

하지만 우리는 그 개들이 모두 그립더라도

너무 필요한 일이기에

개를 맡아 돌보는 일을

계속 실천하고 있다.

포레스트 Forrest 🐾

{ 13년 ‖ 저먼 쇼트헤어드 포인터 ‖ 캘리포니아 거주 }

나는 한 동물 구조 협회에서 약 18개월 된 포레스트를 입양했다. 그때부터 포레스트는 거의 12년 동안 나의 변함없는 친구로 함께 지냈다. 다른 저먼 쇼트헤어드 포인터German Shorthaired Pointer 한 마리가 세상을 떠난 후 잠시 동안 포레스트는 유일한 반려견이었다. 그러다가 친구를 사귀고 싶어 하는 포레스트를 위해 나는 귀여우면서도 멋진 세 살 된 제니를 입양했다. 이후 테리, 켈시, 호프가 들어오면서 우리 가족은 점점 늘어났다. 켈시와 포레스트는 서로의 그림자 같은 존재가 되었다. 켈시가 세상을 떠나자 포레스트는 남은 가족들과 함께 슬퍼했다. 그런데 얼마 지나지 않아 포레스트의 건강이 나빠지기 시작했다.

포레스트의 병은 척추에 영향을 미치는 퇴행성 골수염이라는 불치병이었다. 포레스트는 뒷다리의 힘이 약해지기 시작했고 걸어 다니려면 도움이 필요했다. 하지만 포레스트는 포기하려는 기미가 전혀 없었다. 포레스트의 활기 넘치는 근성이 포기를 거부한 것이다. 그래서 우리는 포레스트를 도울 수 있는 일은 뭐든 하기로 했다.

우리는 꼼꼼히 알아보고 가장 좋다고 생각한 휠체어를 골랐다. 포레스트는 거의 자신에게 도움이 된다고 여긴 듯 휠체어를 바로 마음에 들어 했다. 그리고 휠체어의 도움으로 친구들을 쫓아다니며 공원 주변을 달리면서 절반은 젊어진 듯 행동하기 시작했다. 포레스트의 병이 앞다리에 영향을 주기 시작했을 때 우리는 휠체어에 앞바퀴를 추가했다. 그래도 포레스트는 전혀 기가 죽지 않았다.

포레스트는 여전히 활발하고 열정적이다. 게다가 이제 포레스트에게는 멋진 휠체어 세트도 생기지 않았는가!

— 존 헴브리 John Hembree

프레셔스 Precious 🐾

{ 12년 ‖ 코커 스패니얼 ‖ 뉴저지 거주 }

나는 늘 코커 스패니얼을 키우고 싶었다. 하지만 대부분이 그러하듯 삶은 타이밍이 중요하다. 스물다섯 살 때 나는 4년 동안 사귄 사람과 헤어지고 새로운 마음으로 삶을 시작하고 있었다. 그래서 그때는 오랫동안 서로에게 책임을 다하는 그런 믿을 수 있는 친구를 꼭 찾고 싶었다.

그러다가 나는 인터넷에서 한 사육자를 통해 프레셔스를 알게 되었다. 그리고 12주 후 공항에 도착한 '프레셔스' 화물에 시선이 꽂힐 정도로 내 관심은 온통 프레셔스에게 쏠렸다. 프레셔스는 재빨리 믿을 수 있는 친구가 되었다. 그러던 어느 날 밤에 나는 가장 친한 친구와 워싱턴 D.C.의 파티에 갈 계획이 있었다. 그런데 그때 우리는 파티가 취소되었다는 연락을 받았다. 하지만 그날 밤을 낭비하고 싶지 않았던 우리는 뉴욕의 브루클린에서 열리는 다른 파티에 가기로 했다.

우리는 6개월 된 프레셔스를 작은 상자에 넣어 함께 목적지에 도착했다. 그리고 잠깐 동안 나는 친구에게 프레셔스의 산책을 맡기게 되었다. 그런데 내가 돌아왔을 때는 친구가 빈 상자와 함께 인도에 서 있었다. 너무 놀라 제정신이 아니었던 나는 친구에게 프레셔스가 어디로 갔느냐고 물었다. 그러자 친구는 이렇게 대답했다.

"나도 몰라! 어떤 남자가 내게 상자 안에 뭐가 있냐고 묻고는 상자를 열어 프레셔스를 꺼내 거리로 달려가 버렸어."

프레셔스를 찾고 있던 내 눈에 강아지를 데리고 있는 낯선 사람이 얼핏 보였다. 그리고 몇 분 뒤에 어둑해서 잘 보이지 않는 어떤 사람이 웃으면서 거리를 달려오고 있었는데, 그 뒤를 프레셔스가 따르고 있었다. 나는 그 남자를 화난 표정으로 쏘아본 뒤 프레셔스를 데리고 곧장 파티로 향했다. 파티가 거의 끝나갈 무렵, 나는 친구와 함께 강아지 도둑과 그의 친구와 담소를 나누고 있었다. 나는 이후에 엄마에게 전화해서 내 남편이 될 사람을 만났다고 알려주었다.

그 이상한 저녁에 만난 우리는 결혼한 지 5년이 되었다. 나는 내게 미래를 가져다준 프레셔스에게 늘 고맙다고 말한다. 나는 프레셔스와 함께 처음 수개월을 보내던 때를 종종 떠올리곤 한다. 그때는 프레셔스와 둘만 지낼 거라고 생각했다. 하지만 신은 미래에 다른 계획이 있었던 것 같다. 프레셔스는 가장 중요한 선물을 내게 주었다. 조건 없는 사랑, 우정, 믿음, 그리고 무엇보다 가족이라는 선물을 주었다. 나는 영원히 프레셔스에게 고마워할 것이다.

그리고 한 가지 이런 생각이 떠오른다. 나와 프레셔스가 그야말로 '오랫동안 서로에게 책임을 다하는 관계'가 아닐까?

— 티찬다 톰프슨 *Tichanda Thompson*

스팟과 라이트닝
Spot and Lightning

{ 15년, 14년 ‖ 알래스칸 허스키 ‖ 알래스카 거주 }

스팟과 라이트닝은 둘 다 우리의 '솔티 도그 켄넬Salty Dog Kennel'에서 대표적인 '노익장'들이다. 솔티 도그 켄넬은 아이디타로드 개썰매에서 처음 은퇴한 솔트Salt 의 이름을 따서 붙인 개들의 보금자리다. 라이트닝은 전성기에 다른 개들을 훨씬 능 가하고 싶어 했던 리더였다. 라이트닝은 산길을 지나고 강을 건너고 수백 마일의 황 무지 길로 다니면서 팀을 이끌었다. 성실하고 끈기 있고 부드러운 성격의 라이트닝 은 옆에서 나란히 달리며 배우는 젊은 리더 개들의 훌륭한 지도자가 되었다.

라이트닝은 앞에서 팀을 이끄느라 바쁜 반면에 스팟은 앞쪽에서 썰매를 잘 움직 이게 하는 역할을 했다. 날렵하고 탄탄하고 용감한 스팟은 길을 가다가 나무나 얼 지 않은 수면, 또는 큰 틈이 있는 땅 주변에서 썰매를 조정하는 것을 재빨리 도와주 는 일을 했다. 늘 사냥을 좋아하는 스팟은 여전히 가까운 곳에서 여우 흔적을 찾아 내거나 팀 앞에서 방심한 채 날쌔게 움직이는 대륙밭쥐red-backed vole를 덮치는 것 을 좋아한다.

오랜 친구로 지내온 라이트닝과 스팟은 이제 은퇴를 해서 더 이상 팀과 달리지 않는다. 대신에 둘은 연어 대접을 받는 즐거움으로 살고 있고 여름의 우거진 툰드 라지대나 눈이 덮인 길을 따라 느긋하게 걷곤 한다. 라이트닝과 스팟은 종종 늙은 목소리로 팀이 한밤중에 부르는 세레나데를 이끈다. 스팟이 소프라노로 첫 음을 내 면 라이트닝은 바리톤으로 이에 반응한다. 그러면 뒤이어 개 27마리가 아름다운 선 율로 강하게 울부짖기 시작한다. 그 소리를 듣고 있으면 나는 어떤 원시적인 조화 가 썰매 개들의 삶과 내 삶을 연결하고 있다는 느낌이 든다.

— 데비 클라크 모더로 Debbie Clarke Moderow

피펜 Pippen

{ 12년 ‖ 도베르만 핀셔와 비글의 믹스견 ‖ 메인 거주 }

피펜과 나는 숲에 있으면 더욱 유대감이 깊어진다. 우리는 둘 다 아름다움과 고독을 즐길 수 있는 숲이 가장 편안하다.

피펜은 집에 틀어박혀 있으면 시큰둥하고 약간 불안해하며 조심스러운 모습을 보인다. 하지만 숲에서 자유로워지면 전혀 다른 모습이다. 피펜은 집 안에서는 소리와 움직임에 긴장하고 불편해하지만 숲속에서는 어떤 소리와 움직임에도 강한 호기심을 느끼고 본성에 집중한다. 그럴 땐 피펜의 꼬리가 위로 올라가고 귀가 앞으로 향하며 기운이 만족감으로 넘친다.

나는 피펜과 함께 탐험하는 데 시간을 보내며 유대감을 쌓았다. 우리는 때로는 사람이 많이 다니는 길을 돌아다니거나 풀로 뒤덮인 돌담과 작은 개울뿐만 아니라 사슴이 돌아다녀 생긴 포착하기 힘든 경로를 따라가다가 잠시 길을 잃은 적도 있다.

어떤 날에는 우리가 평범한 길을 따라가기만 해도 만족할 때가 있다. 그럴 때는 복잡한 생각을 할 필요 없이 반복된 움직임으로 생기는 사색의 흐름에 마음이 편안해진다. 그런 기분으로 수 마일을 걸어가기도 한다. 집으로 돌아갈 때가 되면 나는 그냥 몸만 돌리고 피펜은 집을 향해 앞장을 선다. 그러면 나는 피펜이 안전하게 집으로 안내하리라 굳게 믿고 그 뒤를 따른다.

항상 앞서있지만 너무 멀리는 가지 않는 피펜은 탄탄하고 매우 능률적인 걸음걸이로 움직인다. 불필요한 움직임 없이 부드럽게 미끄러지듯 앞으로 나아간다. 피펜은 피로한 기색 없이 그렇게 몇 시간 동안 다니곤 했지만, 수년이 지나자 걸음이 약간 느려졌다. 우리는 둘 다 예전보다 걸음이 느려졌다.

"

내가 곁에 있는지
확인하려는 그 모습을
어떻게 잊을 수 있을까?
바로 내 옆에 없어도
이 여정을 함께 하고
있다고 알려주기 위해
돌아보는 피펜의 모습을
나는 잊을 수가 없다.

"

　나는 긴 여정 속에서 내 앞을 걸어가다가 오랫동안 멈추어 뒤돌아보던 피펜의 모습을 늘 간직할 것이다. 내가 곁에 있는지 확인하려는 그 모습을 어떻게 잊을 수 있을까? 바로 내 옆에 없어도 이 여정을 함께 하고 있다고 알려주기 위해 돌아보는 피펜의 모습을 나는 잊을 수가 없다.

— 에이미 브라운 Amy Brown

셀비 Shelby

{ 10년 이상 ‖ 펨브록 웰시 코기 ‖ 버몬트 거주 }

　아, 웰시 코기! 개의 품종에 관한 책에서 작은 웰시 코기들을 처음 보았을 때 나는 첫눈에 매우 마음에 들었다. 어쩌면 웰시 코기의 전체적인 구조나 큰 귀가 마음에 들었거나 아니면 우스꽝스러운 엉덩이가 마음에 들었는지도 모른다. 이유야 뭐든 상관없다. 나는 웰시 코기에 푹 빠져버렸다.

　그리고 30년이 지난 뒤에 신의 축복이 있었는지 데비와 나에게는 놀랍게도 웰시 코기 7마리가 생겼다. 웰시 코기를 삶의 벗으로 삼는 일은 페라리를 한 대 몰고 다니는 느낌이다. 아무리 생각해도 더 나은 표현은 떠오르지 않는다. 웰시 코기들 덕분에 우리는 힘들 때 함께 이겨낼 수 있었고 좋을 때는 함께 기뻐할 수 있었다. 그동안 줄곧 우리의 삶은 웰시 코기들의 변함없는 사랑과 즐거움으로 가득했다.

　웰시 코기들 가운데 셀비는 폭풍처럼 우리의 삶에 나타났다. 셀비는 성격이 마치 조숙한 아이 같았다. 그런 셀비를 미운 오리 새끼 같다고 하는 사람도 있을 것이다. 15년 동안 가게를 지키며 한결같은 친구였던, 사랑하는 테간이 세상을 떠났을 때 셀비가 그 빈자리에 점점 발자국을 채우기 시작했다. 그리고는 미운 오리 새끼가 마침내 아름다운 백조가 된 듯 셀비는 멋지게 변했다. 하지만 셀비는 여전히 요구가 많다. 셀비가 가장 좋아하는 목록은 먹이와 트럭을 타는 일이다. 그 목록에서 데비와 나는 3위로 밀려났다. 셀비는 늘 품위 있게 거리감을 두고 인간의 책임성을 지켜보는 것 같다. 그러고는 필요에 따라(하지만 늘 자신의 방식대로) 관심과 사랑을 쏟는다. 그런 모습이 웰시 코기의 특징이다.

　셀비, 테간, 페블스, 수지, 브린들, 프린스, 커리, 모두에게 우리의 진심 어린 사랑을 보내며.

— 로버트 거트비어 Robert Gutbier

미시 Missy

{ 10년 ‖ 오스트레일리안 켈피와 보더 콜리의 믹스견 ‖ 캘리포니아 거주 }

　미시는 주인이 세상을 떠나고 몇 달 후 '릴리즈 레거시 노령견 보호 센터Lily's Legacy Senior Dog Sanctuary'로 옮겨졌다. 미시는 아홉 살 때 엄마로 알고 있던 유일한 사람을 잃었다. 그러고는 엄마의 친척들과 잠시 지내다가 그곳의 개들에게 공격을 당하는 처참한 일을 겪었다. 그 후 미시는 새롭고 안전하고 애정이 넘치는 가정으로 입양되기를 바라며 '릴리즈 레거시'로 옮겨진 것이다. 그리고 그곳에서 나는 미시를 만났다.

　미시는 주인이 세상을 떠나고 내가 오랫동안 자원봉사를 한 보호센터에 넘겨지는 그사이에 많은 일을 겪으며 나쁜 습관을 들이게 되었다. 나는 미시의 입양을 돕기 위해 미시를 잠시 맡아 기르면서 '강아지 행동교정 학교'에 데려가 나쁜 습관을 고치기로 했다. 그런데 미시는 곧 우리 가족의 마음을 사로잡았고 보호센터로 가려고 하지 않았다. 미시가 우리 집으로 온 날, 내가 이전부터 키우던 개 두 마리와 고양이 두 마리는 미시를 대충 훑어보더니 받아주기로 한 모양이었다. 반려동물들이 모두 함께 어울리며 먹이를 먹고 있었을 때 남편은 이렇게 말했다.

　"미시는 절대 돌아가지 않을 거요."

　미시는 우리가 집으로 돌아오면 계단 아래에서 가장 먼저 우리를 반겨준다. 그리고 잠잘 시간이 될때도 가장 먼저 계단 위에 서 있다. 미시는 소파나 침대에서, 그리고 우리 마음속에서 편하게 지냈다. 미시가 무지개다리를 건너갈 때가 되면 미시의 엄마가 그곳에서 미시를 반겨주며 미시가 얼마나 사랑을 받았는지 알게 될 것이다. 그런 생각을 하면 나는 마음이 편안해진다.

― 린다 마넬라 Linda Mannella

비쥬 Bijou 🐾

{ 13년 ∥ 스탠더드 푸들 ∥ 버몬트 거주 }

내가 미니애폴리스의 반려견 전용 공원에서 강아지를 산책시키다가 남편을 만난 후, 비쥬는 멋쟁이 고양이 같은 도시의 푸들에서 마멋 전사 같은 시골의 푸들로 변했다. 우리는 곧 새로운 삶을 함께 만들어갔고 땅을 경작할 수 있는 곳으로 이사하기로 했다. 게다가 비쥬는 가장 친한 친구 칼렙과 함께 즐겁게 뛰어놀 수 있는 공간도 필요했다.

비쥬와 칼렙은 버몬트에서 '참사랑 농장True Love Farm'이라는 30에이커(약 36,725평)의 영토를 다스리는 왕자들이 되었다. 그리고 그리 완벽한 솜씨는 아니었어도 매우 기뻐하며 우아하게 채소와 블루베리와 꽃 작물을 보호했다. 비쥬는 더욱더 활기찬 날들을 보내면서 케일kale[1] 밭에 사슴이 들어오면 우리에게 알렸고 늦은 오후의 햇살 속에서 늘 기분 좋게 쉬는 것을 특히 즐겼다.

― 카렌 트루빗 *Karen Trubitt*

1) 양배추 같이 생긴 짙은 녹색 채소.

오지 ozzie

{ 13년 이상 ‖ 오스트레일리안 켈피와 셰퍼드의 믹스견 ‖ 버몬트 거주 }

　나의 사랑하는 오지는 6개월 동안 동물 보호소에 있었다. 그곳의 직원들은 오지를 보살피면서 그냥 아무에게나 입양되지 않도록 신경을 쓰고 있었다. 오지의 강렬한 인상과 커다란 덩치 때문에 '폐품처리장을 지키는 공격적인 개'로 이용될까 봐 우려했던 것이다. 그러던 어느 날 나는 한 친구의 권유로 그 보호소를 잠시 살펴보러 간 적이 있었다. 그런데 인연이었던 걸까? 오지와 나는 동물 보호소 놀이방에서 만났고 즉시 친해졌다. 나는 오지가 몸집도 크지만 의지가 강한 개라는 생각이 들었다. 그래서 오지가 나와 잘 맞는지 확인하려고 다음 한 달 동안 일주일에 몇 번씩 보호소를 방문하여 오지를 만났다.

　오지를 집에 데려왔을 때 나는 오지를 통해 양치기 개들은 마음껏 돌아다녀야 한다는 사실을 곧 알게 되었다. 그것도 수 마일씩이나! 그렇게 하여 나는 지금껏 만난 개 중에 가장 강하고 영리한 개와 삶의 여정을 시작하게 되었다. 마음껏 돌아다니면서도 늘 집으로 돌아오는 오지의 마음이 내 마음에도 울려 퍼진다. 어떤 울타리도 오지를 가두지는 못한다. 우리는 어느 누구에게도 부담을 주고 싶지 않지만 새로운 곳을 찾아내려는 오지의 열정은 막을 수 없다.

　내가 혼자 지냈을 때는 오지가 보호를 해주었다. 그러면서도 오지는 누구든 반겨주고 다정하게 대해주었다. 오지는 단짝 친구 고양이, 그레이시 세이지와 함께 마음을 열고 사는 세상이 옳다고 확신하는 듯했다.

　오지와 나는 자유로운 영혼으로 살아가지만 우리는 마음이 어디를 향하든 늘 집으로 돌아온다. 오지도 이해를 잘 해주는 내가 처음일 테지만 나를 잘 이해해주는 반려견은 오지가 처음이다. 오지는 흔들림 없이 내 가족과 나를 곁에서 늘 지켜준다.

― 셀린 스커그 Seline Skoug

121

샘슨 Sampson

{ 14년 ∥ 치와와 ∥ 콜로라도 거주 }

내가 말 그대로 고통이나 슬픔에 굴복하는 삶을 살 때면 가장 친한 친구, 샘슨이 내 곁을 지켜준다. 샘슨은 곁에서 내 눈물을 핥아주고 주둥이로 톡톡 건드리며 내게 애정 어린 관심을 보여준다. 내가 우울할 때 샘슨은 늘 아침에 산책을 하자고 우기거나 내게 '다시 우물 속에 빠진 티미의 용기Timmy's in the well again'를 떠올리게 하는 꾀를 부리려고 한다. 이는 모두 샘슨이 나를 일으켜 세워 움직이게 하려는 작은 일들이다.

샘슨은 멋진 목걸이를 하는 것과 내 캐딜락을 타는 것을 좋아한다. 샘슨을 잘 알고 있는 사람들은 모두 샘슨에게 특별한 대접을 해준다. 그리고 샘슨과 앨버트 앞으로 늘 크리스마스 카드가 전달된다(Sampson에서 'p'라는 철자가 빠지면 샘슨은 화를 낸다).

샘슨은 자기 몸집이 작다는 사실도 잊어버리고 우리 집과 나를 지킨다. 샘슨이 나를 매우 좋아하고 의지하는 만큼 나도 샘슨을 위해 살고 싶다. 샘슨은 분명 내 삶의 완벽한 친구로 살았다. 나는 지금 당장 샘슨에게 달려가 뽀뽀를 해주고 특별히 닭고기를 주면서 이렇게 말할 생각이다.

"나의 가장 좋은 친구야, 고마워!"

— 앨버트 피거 Albert Feeger

"

샘슨은 자기 몸집이 작다는 사실도
잊어버리고 우리 집과 나를 지킨다.
샘슨이 나를 매우 좋아하고
의지하는 만큼 나도
샘슨을 위해 살고 싶다.

"

사바나 Savannah

{ 12년 ‖ 뉴펀들랜드 ‖ 애리조나 거주 }

삶은 친구, 가족, 연인, 지인 등 여러 인간관계로 이루어진다. 우리는 어떤 사람들과는 가벼운 인간관계를 맺고 또 어떤 사람들과는 좀 더 깊은 인간관계를 맺는다. 하지만 진심으로 사랑을 주려는 반려견과 맺는 관계는 외모나 분위기 또는 건강과 상관없이 우리가 사람들과 또한 나눠야 하는 일이다.

나는 힘든 상실감을 겪은 뒤에 슬프고 먹먹하고 혼란스러운 느낌으로 동물 보호소에 간 적이 있었다. 내가 사바나의 우리에 등을 기대고 앉아 있었을 때 뉴펀들랜드가 보통 그렇듯이 사바나는 내 관심을 끌려고 다가와 발로 나를 떠밀었다. 사바나가 발로 두어 번 나를 떠밀고 난 뒤에야 나는 마침내 뒤를 돌아보았다. 그때 슬픈 듯 보이는 강아지 한 마리가 내 시야에 들어왔다. 하지만 사바나는 두렵고 불편한 좁은 공간의 우리에서 밖을 바라보다가 우리의 문에 기대고 있는 한 슬픈 남자를 슬쩍 밀어내려고 했던 것이다. 그 뒤로 우리는 함께 지내고 있다.

— 샘 구티에레즈 Sam Gutierrez

룰루 Lulu

{ 11년 이상 ‖ 퍼그 ‖ 콜로라도 거주 }

룰루는 내가 좋아하는 수컷 퍼그, 붓다의 짝을 찾아주기로 했을 때 내 삶으로 들어왔다. 그렇게 룰루와 붓다는 짝이 되었고 곧 새끼 한 마리가 태어났다. 나는 더 많은 새끼들이 태어날 것을 알고 강아지들을 위한 더 좋은 보금자리를 마련했다.

아니나 다를까, 룰루와 붓다의 깊은 사랑으로 암컷 강아지 네 마리가 더 태어났다. 안타깝게도 퍼그의 새끼는 납작한 코로 모유가 흡입되어 폐렴에 걸릴 수 있기 때문에 생존율이 낮다. 강아지 두 마리는 세상을 떠났고 세 번째 강아지는 한 뛰어난 수의사를 통해 죽을 고비를 넘겼다. 그리고 예쁘게 자라 이제 다섯 살이 되었다.

나는 강아지들에게 어울리는 보금자리를 찾으려고 했다. 붓다의 뒷다리가 떨리기 시작한 이유를 진단하기 위해 MRI(자기공명영상)를 찍으려고 마취를 지나치게 하는 바람에 붓다가 세상을 떠났기 때문이다. 붓다는 거우 일곱 살이었다. 룰루는 너무 슬퍼해서 붓다가 죽고 2주 뒤에 검은빛 얼굴이 창백하게 변할 정도였다. 지금도 붓다의 이름이 들리면 룰루는 벌떡 일어나 정신없이 주변을 둘러보고 난 뒤, 창백한 작은 얼굴에 가장 슬픈 표정을 지으며 다시 엎드리곤 한다.

하지만 그런 일이 아니면 평소에 룰루는 매우 활동적이고 행복해 보이며 대단히 헌신적인 나이 많은 암컷이다. 룰루는 나와 새끼들에게 헌신적이다. 여전히 새끼들을 자주 핥아주고 안아주며 함께 놀아주기도 한다. 그리고 여전히 어린 강아지인 듯이 새끼들에게 애정 어린 훈육을 한다. 룰루는 자신의 먹이를 새끼들이 빼앗아 먹을 때도 다정하게 지켜본다.

룰루의 새끼들은 각각 보금자리가 있는데도 모두 룰루의 작은 잠자리에서 함께 낮잠을 자고 서로 밀쳐내곤 한다. 그래서 룰루가 앞발을 새끼들의 어깨에 살짝 걸쳐야 할 정도다.

룰루는 나의 사랑하는 작은 천사다. 룰루는 이제 나이가 많지만 내가 룰루를 처음 만난 그 멋진 날처럼 룰루의 기운은 여전히 젊고 활기차다. 그리고 나는 룰루가 무지개다리로 떠난 뒤에도 오랫동안 우리에게 기쁨과 사랑과 헌신을 계속 안겨줄 거라고 확신한다.

— 아스트리드 기퍼드 Astrid Gifford

제이크 Jake 🐾

{ 10년 이상 ‖ 고든 세터 ‖ 뉴욕 거주 }

제이크는 오리건 주, 포틀랜드 황무지 남쪽에서 도보 여행자들에게 발견되었다. 뼈만 앙상히 남아 있었던 제이크는 분명 이전에 학대받은 듯 보였다.

어린 시절 이후 내 개를 키우고 싶었던 나는 이모가 키우던 예쁘고 다정한 성격의 고든 세터들을 떠올리곤 했다. 그러던 나는 애완동물을 입양하는 사이트인 '펫파인더 닷컴Petfinder.com'을 계속 살펴보다가 겨우 마음에 드는 개를 하나 찾아냈다. 매우 사랑스러운 검은빛 얼굴에 귀여운 갈색 눈썹을 하고 목 주변에 길게 흰 털이 나 있는 개였다. 내 친구는 그 개의 목을 보고 '폭넓은 넥타이'를 맨 것 같다고 한다.

드디어 내가 제이크를 처음 만나는 날이었다. 제이크가 밴에서 뛰어내렸을 때, 나는 제이크의 꼬리가 다리 사이에 꽉 끼는 바람에 그 꼬리가 잘려 나간 줄 알았다. 나는 그토록 두려운 마음으로 개를 만나기는 처음이었다. 제이크를 잠시 돌봐주던 가족은 결국 제이크가 좋아하는 담요를 내 차에 실어 제이크를 달래야 했다. 그때 나는 처음으로 제이크의 사랑스럽고 부드러운 머리를 쓰다듬었다. 그리고 내가 잠시 손을 내려놓자 제이크가 코로 살짝 내 손을 톡 치는 느낌이 들었다. 무섭게 생겼지만 제이크의 바람을 어떻게 거부할 수 있을까? 그때 그 자리에서 나는 제이크에게 내 마음을 빼앗기고 말았다.

나는 제이크가 과거에 입은 상처를 모두 치유해줄 수는 없지만 한 가지는 분명하다. 제이크는 하나의 세계를 가지고 있고 그 세계에 들어가면 누구든 제이크의 사랑으로 행복해질 것이다. 제이크는 나의 든든한 멍멍이 대장이다. 제이크, 나를 믿고 너의 세계에 받아들여 줘서 고마워!

— 에밀리 매키트릭 Emilie Mckittrick

맥스 Max 🐾

{ 12년 이상 ‖ 래브라도 리트리버 ‖ 플로리다 거주 }

어떤 선물들은 붉은 종이로 포장하여 리본과 나비매듭으로 장식한 큰 상자로 도착한다. 또 어떤 선물들은 한꺼번에 오는 것이 아니라 시간이 흐르면서 오는 경우도 있다. 그래서 사람들이 세상을 바라보는 방식이 바뀌고 더 나은 모습으로 변한다. 맥스가 바로 이런 선물들 모두에 해당한다.

맥스는 크리스마스 아침에 도착하지 않았다. 맥스는 4주 뒤, 새하얗게 눈이 덮인 뉴저지 겨울의 배경 속에서 집으로 도착했다. 땅은 3피트(약 91.4센티미터)의 새로 쌓인 눈으로 가득 덮여 있었고 7주 된 황색 래브라도 리트리버인 맥스는 하얀 가루 같은 부드러운 눈 속으로 뛰어들더니 거의 사라져버렸다. 눈 속에서 보낸 맥스의 첫 모험으로 지친 우리는 막내아들, 마이클이 학교에서 집으로 돌아오기 직전에 깊이 잠든 맥스를 커다란 붉은 상자에 포장을 했다. 수년이 흐른 뒤, 우리는 맥스를 볼 때마다 그때의 추억이 떠올랐다. 처음으로 맥스를 보던 날에 선물 상자를 들여다보고 매우 기뻐하고 놀라워하는 마이클의 모습이 떠올랐다. 또한 우리의 장남, 브라이언이 네 다리가 달린 형제를 만났을 때 놀라는 표정도 잊을 수가 없었다.

맥스는 늘 모두를 위한 열정과 사랑으로 삶을 살았다. 물론 누구나 자신의 반려견에 대해 자랑을 하지만 맥스는 우리가 거의 행동하기 전에 무엇을 할지를 알아채는 특별하고 직관적인 능력이 있었다. 맥스는 우리가 표시 내기 전에 집을 떠나려고 할 때를 알고 미리 계획적으로 자리를 잡고 있는 듯 보였다. 그리고 맥스는 꼬리만 흔들지 않고 주둥이 끝에서 꼬리 끝까지 몸 전체를 흔들었다. 우리가 지금까지 본 개들 가운데 맥스는 유일하게 모든 사람에게 미소를 띠는 반려견이었다.

어릴 때부터 맥스는 에너지가 끝없이 넘쳤고 자라면서 새로운 일을 습득하는데 열정을 쏟았다. 하지만 맥스의 모든 속성 중에서 여전히 가장 중요한 것은 아낌없는 사랑이다. 맥스와 보내는 하루하루가 우리에게 소중한 선물이다.

— 데보라Deborah와 밥 카르고Bob Cargo

맥스는
꼬리만 흔들지 않고
주둥이 끝에서
꼬리 끝까지
몸 전체를
흔들었다.

클레멘타인 Clementine 🐾

{ 9년 ‖ 잉글리시 불도그 ‖ 버몬트 거주 }

　클레멘타인은 나와 의사소통을 한다고 늘 확신을 주는 멋지고 별난 성격을 지녔다. 클레멘타인은 가끔 머리를 갸우뚱거리고, 애정 어린 눈빛을 보내고, 내가 집에 오면 좋아서 어쩔 줄 모르며, 또한 우리가 장난감으로 함께 놀아줄 때 무척 기뻐한다. 그런 모습은 클레멘타인이 우리를 조건 없이 진심으로 사랑한다는 가장 큰 증거가 되었다. 그리고 우리도 클레멘타인에게 조건 없는 사랑으로 보답한다.

　한번은 우리가(물론 클레미[1]도) 아내 안젤라의 생일을 기념하기 위해 주말 동안 퀘벡의 '샤토 프롱트낙 호텔Le Château Frontenac'에 간 일이 있었다. 우리는 생일을 축하할 예정이라고 호텔 안내 데스크에 말했다. 어쩌면 호텔 측에서 딸기와 초콜릿 같은 선물을 가져다주지 않을까라는 생각이 들어서였다. 호텔 투숙 수속을 밟고 약한 시간 뒤에 누군가가 객실 문을 두드렸는데, 아니나 다를까, 큰 꾸러미를 든 호텔 지배인이었다. 우리는 당연히 안젤라의 생일 선물이라고 생각했다. 그런데 호텔 지배인은 이렇게 말했다. "이것은 클레멘타인 양을 위한 선물입니다. 우리 호텔에 클레멘타인 양이 온 것을 환영하며 이곳에 머무는 동안 클레멘타인 양이 애지중지 키운 반려견임을 확인시켜 주고 싶어서입니다." 선물 꾸러미에는 먹이와 장난감이 든 바구니가 들어 있었다. 그 뒤로 우리는 수년 동안 이 추억을 떠올리며 웃곤 했다. 클레멘타인은 분명 애지중지 키운 반려견이고 그럴 만한 자격이 충분히 있었다.

　클레멘타인은 정말 '우리의 사랑하는 딸'로 지냈다. 안젤라와 나는 살아가면서 분명 다른 개들도 애지중지 키울 테지만 클레미는 늘 우리의 마음속 특별한 장소에 있으며 아무도 그 자리를 대신할 수 없다.

— 필 아르보리노 Phil Arbolino

1) 클레미(Clemmie)는 클레멘타인(Clementine)의 별칭이다.

미스 구치 Miss Gooch 🐾

{ 15년 ‖ 닥스훈트 ‖ 뉴욕 거주 }

시인 '엘리자베스 바렛 브라우닝Elizabeth Barrett Browning'의 이런 글이 떠오른다. '내가 당신을 얼마나 사랑하느냐고요? 한번 헤아려 볼게요.'

나는 살면서 마음이 슬픔으로 가득했던 때가 있었다. 내게 소중한 가족 모두를 잃었을 때였다. 그때 기적이 일어난 듯 귀여운 꼬마, 미스 구치가 내 삶에 갑자기 나타났다. 미스 구치에게도 내가 마지막 가족이었다. 미스 구치의 꼬리는 마치 메트로놈처럼 흔들렸고 눈은 내가 시선을 뗄 수 없을 정도로 놀랍도록 깊은 영혼이 담긴 연못 같았다. 미스 구치는 부드러운 발로 나를 위로하고 끊임없는 마음으로 나를 사로잡았다. 정말 놀라운 일이다!

미스 구치의 순수한 사랑은 내 마음을 치유하고 내 정신을 회복시켰으며 내 삶을 바꾸는데 도움이 되었다. 나는 미스 구치가 살아온 날들보다 살아갈 날이 얼마 남지 않았음을 잘 알고 있다. 하지만 분명 미스 구치의 영혼은 늘 나와 함께 할 거라고 확신한다.

미스 구치, 오늘도 그리고 매일 너를 사랑한단다. 나의 영원한 가장 좋은 친구여!

— 수잔 리 그랜트 Susan Lee Grant

루비 Ruby 🐾

{ 13년 ‖ 골든 리트리버 ‖ 알래스카 거주 }

나와 아내 제인Jayne은 사랑하는 스파키를 잃고 난 후 또 다른 골든 리트리버를 원하게 되었다. 우리가 반려견을 다시 기를 준비가 되자 친구, 돈Don과 바브 융블라드Barb Ljungblad가 와이오밍 주에 있는 자신들의 고향에서 강아지를 찾아보는 데 도움을 주었다. 그렇게 해서 2001년 7월에 태어난 루비가 2001년 9월 첫 주에 와이오밍에서 알래스카까지 바브와 함께 여행할 준비가 되었다. 그때 장거리 비행 조종사로 일했던 나는 9·11 테러가 발생하기 며칠 전에 루비를 맞이하게 되었다. 그 비극적인 시기에 내가 계속 비행을 했을 때도 루비가 나에게 얼마나 위안이 되었는지 영원히 잊을 수가 없다.

루비는 내가 아는 전문 비행기 조종사들보다 더 많은 비행시간 기록을 냈다. 그토록 비행기 타는 것을 좋아하는 루비는 특히 수상비행기 타는 것을 좋아한다. 루비가 수영하러 간다는 것을 알기 때문이다. 또 다른 좋아하는 모험은 낚시다. 루비는 때로는 배의 모터가 돌아가기도 전에 배 안에 이미 자리 잡고 있다. 우리와 함께 시간을 보낼 수 있는 일 외에도 루비는 알래스카 황야의 매혹적인 냄새에 흥미를 느끼는 것 같다.

루비는 이제 열세 살이지만 여전히 강하게 짖고 활기차게 걸으며 꼬리도 세차게 흔든다. 루비는 제인과 함께 즐겨했던 긴 산책을 이제 더 이상 할 수가 없다. 하지만 지금은 내가 운전하는 오토바이의 사이드카를 타고 근처를 여행하곤 한다.

이 아름다운 생명, 루비는 수년 동안 우리에게 멋진 친구가 되었다. 그리고 우리는 루비를 계속 돌볼 수 있어서 감사하다는 생각이 든다.

─ 마이크 코스코비치 Mike Koskovich

월트 Walt

{ 10년 ‖ 그레이트 데인 ‖ 텍사스 거주 }

월턴Walton은 내 아들 가족이 어머니의 날 기념과 생일 선물로 내게 데려온 나의 새 아이, 그레이트 데인 강아지에게 지어준 이름이었다. 월턴은 재빨리 월트로 이름이 바뀌었고 그 이름이 완벽하게 잘 맞는 듯 보였다.

월트와 보낸 삶은 월트의 덩치와 부드러운 성격 때문에 매우 놀랍다. 월트는 특히 가족뿐만 아니라 가장 친한 친구인 치와와 믹스견, 필리에 대한 사랑이 가득하다. 월트와 필리가 서로 뒹굴고 놀면서 보내는 시간은 내게도 즐거움을 안겨주었다. 이른 아침에 농장에서 산책하는 일은 월트에게 최고로 중요하다. 그리고 이곳의 일상은 월트의 다리를 튼튼하게 하고 우리 둘 다 건강을 유지하는 데 진정으로 도움이 되었다.

나는 직접 키우는 반려견으로 월트가 처음이다. 월트는 내 가족이고 완전히 내가 책임져야 할 존재다. 월트는 다른 사람들과 함께 있는 것도 좋아하지만 내가 곁에 있는지 늘 확인한다.

월트의 사랑은 아주 실제적이고 매우 단순하다. 나는 이 경이로운 동물을 알게 되어 매우 행복하다. 월트는 내 삶에 기쁨을 가져다준다. 내 삶에 기쁨을 안겨주는 월트는 많은 사람들에게도 즐거움을 가져다준다. 머리가 희끗희끗하고 덩치 작은 내가 뒷좌석 창문으로 거대한 머리를 내미는 월트와 함께 마을을 드라이브하는 모습이 많은 사람들에게 웃음을 선사하기 때문이다.

나의 월트에게, 사랑을 전하며!

— 주디 코츠 Judy Coates

월트는 내 가족이고
완전히 내가 책임져야 할 존재다.
월트는 다른 사람들과
함께 있는 것도 좋아하지만
내가 곁에 있는지
늘 확인한다.

아인슈타인 Einstein 🐾

{ 10년 이상 ‖ 소프트 코티드 휘튼 테리어 믹스견 ‖ 캘리포니아 거주 }

아인슈타인은 내가 '멋빌 노령견 구조 단체'에서 자원봉사를 하는 날에 그곳에 도착했다. 아인슈타인은 너무 말랐고 털이 들러붙은 데다 많이 빠져 있었다. 아인슈타인은 상처를 많이 받은 듯 보였지만 그래도 엄청난 열의가 있었다. 솔직히 말해, 나는 다른 개들과 있었기 때문에 바로 아인슈타인과 교감을 하지 못했다. 아인슈타인이 약간 문제 아이 같아서 나는 아인슈타인과 함께 시간을 보내기 시작했다. 나는 아인슈타인을 골든 게이트 공원Golden Gate Park, 버널 하이츠Bernal Heights 같은 곳에 데리고 갔고 오션 비치Ocean Beach에서 처음으로 바다를 보여주었다. 그러고는 아인슈타인과 잘 지내려고 집에 데리고 가기 시작했다. 그 일이 하룻밤의 방문들로 바뀌기 시작했고 결국에는 나와 남편이 아인슈타인을 입양하게 되었다. 하지만 마음속 깊은 곳에서는 아인슈타인이 우리를 선택했다는 생각이 들었다.

아인슈타인은 매우 놀라운 반려견이다. 아인슈타인은 캠핑을 좋아하고 물놀이를 좋아한다. 아인슈타인이 수영하는 법을 알아냈을 때 래브라도처럼 호수 중간에 있는 막대기를 쫓아간 적도 있었다. 아인슈타인은 햇살을 받으며 앉아 있는 것도 좋아한다. 또한 채소를 많이 먹어 우리가 아인슈타인을 '채식주의 테리어'라고도 부른다. 그리고 크림치즈는 아인슈타인이 가장 좋아하는 디저트다. 아인슈타인은 늘 행복해하며 꼬리를 많이 흔들어 꼬리가 더 커진 듯 보인다. 나는 아인슈타인이 나쁜 짓은 절대 하지 않는다고 솔직히 말할 수 있다.

아인슈타인은 그동안 많은 진전을 보였고 우리는 그런 아인슈타인이 매우 자랑스럽다. 그런데 사실 나와 남편이 정말 운이 좋은 사람들이다. 아인슈타인이 없는 내 삶은 상상할 수가 없다. 아인슈타인은 내 삶의 진정한 사랑 중 하나가 되었다.

— 미와 왕 Miwa Wang

올 레드 ol' Red

{ 15년 이상 ‖ 복서와 핏불의 믹스견 ‖ 캘리포니아 거주 }

올 레드는 2011년 내가 창설한 '라이오넬즈 레거시Lionel's Legacy'라는 노령견 구조 단체에 왔을 때 열다섯 살이었다. 올 레드는 최근에 림프종 진단을 받아 불치병에 걸린 노령견으로 여겨졌다.

올 레드는 우리에게 조건 없는 사랑과 관용의 진정한 정신을 알려주었다. 올 레드는 가족의 구성원으로 대우받지 못한 집에서 오랫동안 힘든 삶을 살았을 것이다. 올 레드는 잠시 우리의 보살핌을 받고 있었을 때 안전한 장소에 있다고 느꼈다. 그리고 어느 날 자연스럽게 우리는 올 레드를 가족으로 받아들였다. 우리 아이들은 올 레드를 통해 인내, 공감, 관용, 동정심 등 소중한 삶의 교훈을 배웠다.

우리는 올 레드를 통해 세상을 보는 법, 삶의 기분 좋은 소박한 일들에 감사하는 법, 세상이 요구하는 속도로 사는 대신에 서로 함께 있는 것을 즐기는 법 등을 알게 되었다. 구조 단체들을 보면, 대부분의 구조는 결정이 되면 체계적으로 이루어지지만 운 나쁘게도 종종 늦어버리는 경우도 있다. 우리가 도움이 되건 안 되건, 결국 가장 중요하게도 올 레드는 지금 우리 곁에 있고 어려움에 처한 노령견의 구조를 지지하기 위해 우리가 함께 할 수 있는 대업을 상기시켜주는 역할을 하고 있다.

— 로라 올리버 Laura Oliver

대니 보이와 그레이시

Danny Boy and Gracie

{ 12년, 14년 이상 ∥ 믹스견 ∥ 캘리포니아 거주 }

어느 비 오는 날 밤에 나는 '멋빌 노령견 구조 단체'로부터 잠시 맡아 돌보기 위해 그레이시를 집으로 데려왔다. 하지만 그때 나는 이 겁에 질린 작은 그레이시가 내 삶에 중요한 역할을 하게 될 줄은 전혀 몰랐다. 그레이시는 12년 동안 어떤 도움의 손길도 받아본 적이 없는 듯했다. 그레이시는 안전하며 사랑받는다고 느껴야 했기에 6개월이 지난 뒤에야 나를 신뢰하기 시작했다. 우리는 그레이시에게 영원한 보금자리를 찾아주려고 계속 노력하고 있었지만 그레이시는 이미 보금자리를 정했다. 게다가 그레이시 앞으로 단 하나의 입양 신청서도 없었기 때문에 우리를 함께 두려는 하늘의 계시인 것 같았다. 그렇게 나와 그레이시는 함께 살게 되었다.

이제 그레이시는 내 삶의 기준이다. 정신없이 바쁜 세상 속에서도 긴 의자의 한쪽 구석을 차지하고 있는 그레이시에게 평온한 힘이 느껴지기 때문이다. 그레이시와 함께 보내는 소중한 시간은 앞으로 보낼 세월이 얼마나 많이 남았느냐는 걱정보다 훨씬 중요하다. 사실 노령견과 함께 지내면 매일 특별하고 즐거운 일을 하게 된다. 언젠가 이별을 해야 할지도 모를 만약을 위해서다.

나는 대니 보이에게도 끌리는 점이 있었다. 대니 보이는 사람들에게 오늘 하루가 기막히게 좋은 날임을 깨닫게 해준다. 나처럼, 야외활동을 무척 좋아하는 대니 보이는 노령견의 느긋한 걸음걸이로 길을 걸으며 탐험하는 것을 즐긴다.

대니는 살면서 사랑을 받았지만 주인이 세상을 떠나자 갈 곳이 없어졌다. 멋빌 노령견 구조 단체가 나서서 대니를 한 보호소에서 구조했다. 대니를 잠시 돌보게 된 우리는 대니의 암을 발견하고 멋빌의 호스피스 프로그램에 대니를 등록했다. 대니는 삶에 대한 열정이 있었다. 그리고 암에 걸린 개들을 많이 돌본 경험이 있는 우리는 대니를 화학 치료로 힘들게 하고 싶지 않았다. 대니는 보조 치료를 받으며 무엇보다 가장 중요한 매일의 행복이라는 약으로 지금도 잘 지내고 있다. 대니는 사람들과 반려견들에게 살아갈 날이 얼마 남지 않았다고 불행할 필요가 없음을 알리고 싶어 한다. 그 시간을 슬픔으로 낭비하지만 않는다면 행복할 수 있다고!

— 러셀 울리 Russell Ulrey

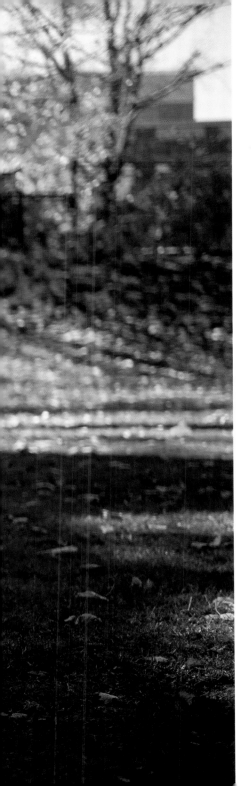

헬비스 Elvis 🐾

{ 8년 ∥ 래브라도 리트리버 ∥ 코네티컷 거주 }

매일 하루 24시간 동안 누군가와 함께 시간을 보낸다고 상상해보라. 그가 없으면 휴가를 떠나지도 못하고 다른 사람들의 집도 찾아가지 못한다. 말 그대로, 그와 떨어져 있으면 안 된다. 이제, 누군가가 매일 꽤 많은 시간을 함께 보내려고 여러분의 몸과 연결되어 있고 여러분의 모든 움직임을 외워서 알고 있다고 상상해보라. 그는 여러분이 가리키는 손가락의 방향을 따르고 여러분이 응시하는 시선을 따른다. 그는 지시받지 않을 때조차 그저 조금이라도 도와줄 기회를 기다리면서 여러분이 하는 모든 말을 놓치지 않는다. 이렇듯 누군가의 삶 전체와 행복이 여러분의 행복과 안전에 달려있다고 상상해보라. 나는 그보다 더 스트레스가 많으면서도 희생적인 삶은 없을 거라는 생각이 든다.

내가 바로 그런 누군가와 함께 살고 있다. 나는 가장 신뢰할 수 있는 단짝 친구이자 수행원이며 내 몸의 연장선이라 할 수 있는 하얀 얼굴의 보호자를 바라보며 이곳에 앉아 있다. 그리고 그 친구에게 이렇게 물어본다.

"친구야, 언제일까? 언제쯤이면 너의 시간이 날까? 6개월 지나서? 아니면 우리가 수년을 보낸 뒤에 시간이 날까? 네가 은퇴할 때가 되면 알려줄래? 그때가 되면 난 이 연결 끈을 정말 놓아줄 수 있을까? 넌 은퇴를 하고 나면 하루 종일 우리 엄마와 지내며 행복해할까? 그것이 네게 '어울릴'까?"

나는 지난 5년 동안 시각 장애인 지팡이를 사용하기를 선택했거나, '시각 장애인 안내를 위한 눈Guiding Eyes for the Blind'이라는 도우미견 육성 단체로부터 엘비스라는 훌륭한 선물을 받지 못했다면, 얼마나 슬프고 외로운 시각 장애인이 되었을까 하는 생각이 든다. 그런 생각을 하니 고개를 가로젓게 되고 목이 메어 온다. 내가 병

원에 가서 모든 절차를 밟으며 눈 검사를 받을 때마다 엘비스는 곁에서 조용히 엎드려 있었다. 그런 엘비스가 없었다면 나는 4년 동안 열다섯 차례의 고통스러운 눈 수술을 견더낼 힘이 분명 없었을 것이다. 실명이 진행되고 있어서 다시 수술을 받아야 한다는 끔찍한 소식을 받을 때마다 나는 오른쪽으로 손을 뻗어 엘비스의 머리를 초조하게 긁곤 했다. 그러면 엘비스가 진심 어린 마음으로 부드럽게 내 손을 핥아주어 나는 곧 마음을 가라앉힐 수 있었다. 병원에서 시각 장애 진단을 받은 후, 엘비스를 선택하는 가장 좋은 결정을 내리지 않았다면 나는 지금의 자신감 넘치고 능력 있는 용감한 여성이 되지 못했을 것이다.

그래서 엘비스를 위해, 그리고 바라건대 엘비스가 나의 허튼소리를 잘 참아내주기만 한다면 앞으로 함께 보낼 3년을 위해 행운을 빌고 싶다. 내가 무대에서 춤을 추거나 철인 3종 경기에 참여하는 일 때문에 이 헌신적인 네 발이 달린 영혼이 안타깝게도 빨리 늙어버렸다는 생각이 든다. 나는 크고 잘생긴 금발의 내 친구에게 은총이 있기를 바란다. 그리고 내가 너무 힘들어할 때 엘비스가 나를 다시 온전하게 일으켜주며 내 삶의 일부가 된 것에 늘 신에게 감사를 드린다.

– 에이미 딕슨 Amy Dixon

이렇듯
누군가의 삶 전체와
행복이
여러분의 행복과
안전에
달려있다고
상상해보라.

버디 Buddy 🐾

{ 10년 ‖ 비글 ‖ 콜로라도 거주 }

　나는 반려견에 대한 내 생각을 일깨워준 손녀의 비글, 비니에게 늘 고맙게 생각한다. 비니를 만나기 전까지 나는 개에 전혀 관심이 없었고 또 왜 사람들이 반려견에 그리 애착을 느끼는지 이해하지도 못했다. 비니를 만난 지 얼마 되지 않아 나는 '볼더 밸리의 동물 애호 협회Humane Society of Boulder Valley'에서 사랑하는 버디를 만났다. 그 이후 버디와 나는 떨어질 수 없는 친구가 되었다.

　버디는 늘 사랑스러운 반려견이다. 하지만 버디가 어렸을 때는 이따금씩 여우를 쫓아 언덕 위를 달려가거나 좋아하는 신발이나 셔츠를 물어뜯곤 했다. 또한 너구리가 집 테라스를 돌아다니거나 포도 넝쿨을 기습하는 여름밤이면 약간 흥분한 모습을 보이기도 했다. 이제 거의 10년 동안 인간 가족과 고양이 친구의 생활 방식과 규칙과 습관을 이해하고 적응한 후 버디는 완전할 정도로 부드러워진 것 같다.

— 에번스 쇼 Evans Shaw

매기와 데이지 Maggie and Daisy

{ 매기 ‖ 10년 이상 ‖ 코커 스패니얼 믹스견 ‖ 캘리포니아 거주 }
{ 데이지 ‖ 10년 이상 ‖ 푸들 믹스견 ‖ 캘리포니아 거주 }

　　매기와 데이지는 '라이오넬즈 레거시 노령견 구조센터'에서 구조되었다. 우리 부부는 노령견이 가족이 될 준비가 되어 있기 때문에 입양하기에 가장 좋은 반려견이라고 확신한다. 이런 생각은 아이를 키우는 우리의 목표에 딱 들어맞는다. 우리는 매일 가족 산책을 하면서 주변 사람들과 동물들을 친절하고 부드럽게 대하는 법을 아이들에게 가르친다. 그렇게 해서 세상을 더 좋고 행복한 장소로 만드는 게 중요하다는 사실을 알려준다.

— 케이티Katie와 제러미 허스트Jeremy Hirst

두카비크 Dukavik 🐾

{ 12년 ‖ 치누크 ‖ 버몬트 거주 }

안녕, 두카비크! 우리의 그리운 추억을 한번 떠올려볼까?

우리가 처음 만났던 날 기억나니? 넌 형제자매들과 함께 있었어. 그때 난 너를 보고 첫눈에 마음에 들었단다. 그리고 내가 다음 주에 다시 돌아와 우리는 함께 메인에 있는 집으로 갔지.

우리가 모래밭에서 놀려고 차를 타고 강변을 갔던 일도 생각나니? 강변에는 대단히 큼직한 모래 경사면도 있었는데 넌 그 아래에서 몸으로 물살을 타는 것을 익혔지. 다리를 쭉 뻗고 엎드려 물 위를 미끄러져 가는 네 모습이 정말 귀여웠단다.

내가 회사에 다닐 때 우리가 7개월 동안 한 숙소에 지내던 때도 있었단다. 넌 몸을 따뜻하게 하려고 짚 한 뭉치를 깔아 놓은 트럭 뒤에서 며칠을 보냈어. 점심때가 되면 나는 그 복잡한 곳곳을 다니며 너를 산책시키곤 했지. 정말 좋은 시간이었어. 적어도 우리는 늘 함께 있었으니까.

이제 우리는 둘 다 나이가 들어서 예전보다 조용한 삶을 살아가고 있어. 그래도 내가 어디에 있든 넌 늘 내 곁을 지켜주는구나.

난 네가 붉은 스웨터를 좋아하는 걸 잘 알고 있단다. 붉은 스웨터를 빨 때마다 넌 세탁물에서 늘 그 스웨터를 찾았으니까. 그런 네 모습이 얼마나 사랑스러운지 몰라. 정말 너한테 잘 어울리는 색상이야.

"

그때
난 너를 보고
첫눈에
마음에
들었단다.

"

　우리는 오랫동안 친구로 지냈고 난 네가 떠난 뒤에도 오랫동안 널 사랑할 거란다. 그리고 무지개다리에서 널 찾아낼 거란다. 그곳에서 우리는 다시 함께 들판을 달릴 수 있을 테니까.

　사랑해, 친구야!

— 패티 리처즈 Patti Richards

트레버 Trevor 🐾

{ 10년 ∥ 코기와 코커 스패니얼의 믹스견 ∥ 캘리포니아 거주 }

나는 '멋빌 노령견 구조 단체'에서 트레버를 입양하여 처음으로 반려견을 키웠다. 우리는 첫날이던 2014년의 만우절을 함께 보냈다. 나는 트레버의 사진을 보았을 때 눈이 매우 마음에 들었다. 트레버는 매우 불안해하며 쉽게 상처를 받는 듯 보였다. 멋빌에서는 내게 트레버를 키우지 말라는 주의를 주려고 했다. 트레버를 말하자면, '두려워서 공격하는 개'로 여겼기 때문이다. 하지만 나는 이미 트레버에게 빠져 있었다.

트레버는 웰시 코기의 아장아장 걷는 사랑스러운 발과 코커 스패니얼의 부드럽게 축 처진 귀를 하고 있다. 그리고 솜털이 있긴 하지만 그리 많지는 않다. 트레버의 영혼이 담긴 듯한 거대한 눈은 전혀 깜박거리지 않고 계속 쳐다보는 것 같다. 그리고 트레버는 얼핏 보면 판다 곰처럼 생겼다. 그래서 고집스러운 장난꾸러기 털북숭이 짐승 같기도 하다. 나는 그런 트레버를 무척 좋아한다.

트레버는 긴 의자 위에 올라가면 그냥 조용히 잠만 자고 싶어 한다. 귀를 문지르거나 닭고기를 먹을 때만 잠에서 깨어난다. 나는 일상을 트레버의 속도에 맞춰 지낸다. 그러면 그 대가로 트레버를 사랑해주고 행복하게 해주며 트레버의 남은 세월이 가능한 최고의 시간이 될 수 있도록 함께 지낼 수 있다.

— 콜레트 던리비 *Colette Dunleavy*

오드리 Audrey 🐾

{ 11년 ‖ 닥스훈트와 치와와의 믹스견 ‖ 캘리포니아 거주 }

나는 반려견을 키운 적이 없었다. 아이들이 대부분 그렇듯이 나도 무조건 강아지 없이는 살 수 없다고 부모님에게 떼를 쓴 적도 있었지만 소용이 없었다. 나이가 들어 마침내 반려견을 키우려고 했을 때 노령견 치위니Chiweenie(닥스훈트와 치와와의 믹스견)인 오드리가 내 삶에 나타났다.

버림받아 떠돌다가 발견된 오드리는 한 보호소에 있었다. 그곳은 안락사 당하기 직전에 오드리와 다른 노령견 두 마리를 구한 구조 단체였다. 특별하지 않다고 생각하여 사람들이 입양하지 않은 탓인지 오드리는 6개월 동안 그 구조 단체에 있었다. 사람들의 그런 잘못된 생각으로 나는 운이 좋게도 오드리를 만났다.

그렇게 오드리는 내 삶에 들어왔다. 나는 우리가 서로에게 중요한 존재임을 알고 있다는 생각이 든다. 우리가 처음 함께한 순간에 나는 오드리와 가까운 곳에 담요를 하나 깔고 그냥 앉아 있었다. 그러자 곧 오드리는 내게 달려와 꼬리를 세차게 흔들고 내 주위를 계속 뛰어다녔다. 오드리는 진짜 성격을 드러낼 때까지 오랜 시간이 걸렸다. 하지만 몇 년 뒤에는 오드리의 자신감과 총명함과 생각과 표현까지 완전히 드러냈다.

나는 오드리를 입양한 날에 앞으로 평생 함께 지낼 것을 약속했다. 오드리는 코로 부드럽게 툭툭 치며 어떤 말도 필요 없다는 '그런 표정'을 지으며 나를 사랑하고 보호할 것을 약속했다. 나는 오드리가 내 삶 속으로 들어온 것에 감사한다. 이제 함께 보낼 최고의 세월들이 앞으로 펼쳐질 것이다.

— 에블린 왕 Evelyn Wang

라시 Laci 🐾

{ 11년 ‖ 래브라도 리트리버 ‖ 캘리포니아 거주 }

라시는 '다정하고 충성스러운 도우미견 협회Tender Loving Canines Assistance Dogs' 를 통해 내 도우미견으로 선택되었다. 라시는 나와 수년을 지냈다. 라시는 근처에 산책을 할 때마다 나를 밖으로 데려갔다. 라시 때문에 우리 둘은 이제 이웃에 사는 사람들을 모두 잘 알게 되었다. 나는 샌디에이고의 세속과 격리된 '카르멜회 수도원Carmelite Monastery'에 살고 있어서 이유가 없으면 보통 밖으로 나가지 못한다. 우리에게는 라시와 산책을 하는 일이 이유가 되었다. 라시는 여러 곳에서 친구를 사귀도록 나를 도와주었고 이곳 '홀리 대로Hawley Boulevard의 여왕'이 되었다.

사람들은 라시를 매우 좋아한다. 나보다 라시를 더 잘 알고 있어서 라시가 없으면 "라시는 어디 있어요?"라고 종종 물어보곤 한다. 그렇게 라시는 누구에게나 기쁨을 주는 존재가 되었다.

카르멜회 수도원의 수녀들도 모두 라시를 무척 좋아한다. 라시는 이곳에서 모든 사람들의 삶에 영향을 주었다. 인간과 반려견의 교감에는 특별함이 있다. 최근에 나는 '개들은 생명체의 수호자들이다'라는 매우 인상 깊은 글귀를 본 적이 있다. 정말 멋진 말이 아닌가? 그 말에 많은 진리가 담겨 있는 것 같다. 세상의 모든 생명체 사이에는 매우 특별한 연관성이 있지만 특히 인간과 개의 관계는 매우 특별하다.

— 엘렉타 수녀 Sister Electa

말라치 Malachi 🐾

{ 10년 ‖ 시추 ‖ 뉴욕 거주 }

2011년에 말라치와 나는 두 식구에서 세 식구로 바뀌었다. 나는 우리 둘 다 세 식구가 되는 것이 더 좋다고 자랑스럽게 말할 수 있다. 우리는 수년 동안 둘만 살다가 해리 시먼스 3세Harry Simmons III를 만났다. 그리고 모든 일은 내가 사는 맨해튼 아파트로 들어온 해리가 나와 몇 번 데이트를 한 후 함께 말라치를 산책시키면서 천진스레 시작되었다. 곧 말라치와 나는 짐을 꾸리고 브루클린에 있는 해리의 집으로 옮겨갔다.

특히 애완동물을 키운 적이 없는 사람이 집에서 반려견에게 익숙해지는 일은 큰 발전이다. 그런데 해리는 헌신과 열정으로 반려견의 아빠 역할까지 하려고 노력했다. 말라치를 의자와 침대까지 올라가게 하고 집에서 마음대로 뛰어다닐 수 있게 했다. 더욱이 해리가 매우 너그러운 기분이 드는 날에는 속에도 안 맞는 우리의 건강한 간식까지 먹었다. 그리고 마침내 해리가 프러포즈를 했을 때는 자연스레 말라치도 함께 있었다.

일 년 뒤에 말라치는 다시 우리와 동행했고 이번에는 200여 명의 사람들도 함께 했다. 그렇게 해서 이제 해리와 말라치와 나 이렇게 우리는 공식적인 세 식구가 되었다. 말라치가 해리와 나누는 새로운 우정을 얼마나 많이 좋아하는지 나는 날마다 확인할 수 있다. 남편도 마찬가지로 네 발 달린 가장 친한 친구로부터 기쁨과 조건 없는 사랑을 받는다. 스트레스를 받으며 정신없이 바쁜 나날을 보낸 후, 해리와 말라치는 이제 서로 의존하며 (의자를 차지하려는 경쟁을 제외하고는) 어떤 대가도 요구하지 않는 진정한 우정을 나눈다.

— 캔디스 쿡 시먼스 Candice Look Simmons

"

스트레스를 받으며

정신없이 바쁜 나날을 보낸 후,

해리와 말라치는

이제 서로 의존하며

(의자를 차지하려는 경쟁을 제외하고는)

어떤 대가도 요구하지 않는

진정한 우정을 나눈다.

"

매시 Massey 🐾

{ 15년 이상 ‖ 치와와 ‖ 텍사스 거주 }

나는 반려견의 이름을 내가 어릴 때부터 알고 지낸 머그 매시Mug Massey의 이름을 따서 매시라고 지었다. 덩치가 꽤 컸던 머그 매시는 우리 농장 옆의 토지 소유주였다. 83세에 세상을 떠난 머그 매시는 매일 작업복을 입고 다녔고 피우던 담배를 물에 살짝 담갔다가 한꺼번에 씹는 습관이 있었다. 나는 로트와일러Rottweiler, 검은 래브라도 리트리버, 비즐라Vizsla가 포함되어 있는 우리의 반려견 팀으로 자랄 수 있도록 이 작은 강아지에게 가장 덩치가 큰 사람의 이름을 붙이고 싶었다. 신부를 위한 깜짝 선물이었던 매시는 우리가 강아지로 데리고 왔을 때 말 그대로 내 손바닥에 놓일 정도로 작았다.

매시는 뜻밖에도 우리를 모두 지배했다. 매시는 가장 고집스럽고 물건을 가장 잘 찾아오며 가장 높이 뛰어오른다. 또한 매시는 충성스러울 정도로 헌신적이고 매우 총명하며 어떤 교통수단에서든 가장 좋은 여행 친구를 만든다. 매시는 서고 앉으며 누울 때도 당당하고, 또한 가장 엄격한 훈련을 받는 테네시 워킹 호스Tennessee Walking Horse처럼 뽐내며 걷는다. 그리고 믿기 어려울 정도로 의사소통을 잘한다.

결론적으로 말하면, 매시는 덩치 큰 개의 성격을 지닌 가장 멋진 작은 반려견이다.

— 조시 니들먼 Josh Needleman

윙키 Winky

{ 12년 ‖ 보스턴 테리어 ‖ 매사추세츠 거주 }

윙키는 우리의 삶에서 가장 사랑스러운 존재다. 한 친구에게 휴스턴의 도로변에서 발견된 이후로 윙키는 지난 10년 동안 우리와 한결같은 친구로 지냈다. 윙키는 목과 얼굴 주변에 찢어진 상처가 있었는데, 분명 물린 자국이었다. 그리고 그 때문에 한쪽 눈까지 잃었다. 우리가 처음 만났을 때 엄청난 스트레스를 받은 상태였는데도 윙키는 부드럽고 차분했다. 윙키라는 이름은 공격을 받은 이후 남은 한쪽 눈을 위해 남편이 지어준 것이다.

윙키는 최근에 백내장과 녹내장이 생긴 후 남은 한쪽 눈도 잃었지만 계속 잘 지내왔다. 암을 이겨낸 윙키는 이제 눈도 안 보이고 귀도 거의 들리지 않지만 여전히 매일 즐겁게 지낸다. 뜰 주변을 킁킁거리거나 장난감으로 놀기도 하고 원하는 먹이를 먹을 때면 우리를 못 본 척하기도 한다. 그리고 나와 함께 일하러 갈 때도 있다.

우리는 윙키가 우리 삶에 안겨준 평화와 기쁨에 매우 감사하게 생각한다. 그리고 윙키의 남은 세월을 함께 보내는 일은 우리에게 매우 소중하다.

— 다이나 브레이 Daina Bray

스카이 Sky 🐾

{ 12년 ‖ 오스트레일리안 셰퍼드 ‖ 알래스카 거주 }

햇살 좋은 날이든 눈이 오는 날이든, 어떤 어려움이 닥쳐도 스카이는 무슨 일이 일어나기를 좋아한다. 눈이나 산사태가 일어난 곳에서 구조견 역할을 하는 스카이의 임무는 스카이를 빛나게 하는 강렬함이 있다.

우리는 오스트레일리안 셰퍼드 강아지를 값을 치르고 데리고 왔지만 스카이는 전혀 다른 모습으로 자랐다. 이를테면, 품종 기준에 관심을 가질 사람들에게는 스카이가 '달갑지 않을' 정도로 그리 멋지지 않을 수도 있다. 하지만 산에서 구조견으로 임무를 수행하는 개한테는 그런 개념이 중요한 관심거리가 아니다. 스카이는 일반적으로 인간의 시선과 전혀 다른 엄청난 방식으로 힘든 일을 한다. 늘 멋지게 임무를 수행한다.

스카이는 이제 나이가 많아도 여전히 강하지만 잘 듣지는 못한다. 하지만 과거를 회상하며 시간을 보내는 것보다 스카이가 구조견으로 일에 계속 몰두하도록 도와주는 것이 더 낫다. 그리고 스카이를 위해서는 늘 일이 있어야 한다. 우리가 함께한다면 우리는 영예롭게 일을 할 수 있을 것이다. 더욱이 매우 멋지게 해낼 것이다.

— 폴 브루소 *Paul Brusseau*

부커 Booker 🐾

{ 14년 ‖ 믹스견 ‖ 코네티컷 거주 }

부커의 눈은 몸에 전혀 어울리지 않는다. 강아지였을 때도 부커의 눈은 놀라울 정도로 성숙하고 깊은 영혼이 담긴 듯했다. 부커는 시카고의 한 혼란스러운 동물 보호소에서 발견되었다. 우리가 발견했을 때 부커는 무릎과 관절이 모두 확실히 구분될 정도로 구부러져 있었다. 하지만 부커는 튼튼하고 근육질이 발달한 늑대처럼 자라서 일정한 속도로 나와 함께 달릴 수 있었다. 부커는 종종 내 키보다 약간 높은 산등성이를 달리다가 갈림길이 나오기 전에 내가 달리는 곳으로 뛰어내리곤 했다. 부커는 완전히 야생의 짐승 같았다.

함께 13년을 보낸 부커는 지금의 아내가 된 내 여자 친구도 받아들여 주었다. 그리고 여자 친구의 고양이 두 마리와 꾀가 많은 어린 반려견도 함께 지내게 했다. 이후에도 부커는 우리의 어린 아들을 위해 베개 역할을 해주고 뒤뜰 놀이 상대도 되어주고 또 청소까지 해주었다. 요즈음 부커는 새로 태어난 우리의 딸 옆을 지키며 담요에 누워 있곤 한다.

부커는 우리 가족의 대표이자 사제이며 숲속에서는 완전한 친구가 되어주기도 한다. 세월이 지나면서 부커는 빛바랜 약한 모습으로 변했고 귀도 잘 들리지 않는다. 종양을 제거하는 수술뿐만 아니라 두 무릎의 수술까지 받은 부커는 이제 죽음을 앞두고 있는 것 같다. 나는 부커 없는 삶은 상상할 수가 없다.

부커가 세상을 떠나면 나는 부커와 함께 보낸 삶에서 가장 큰 즐거움을 영원히 기억하고 싶다. 우리는 큐카 호수Keuka Lake 위에 솟은 언덕 위로 오르기 시작하여 나란히 흙길로 내려오다가 가파른 바위 해변을 지나는 계단을 또 내려왔다. 그리고는 부두로 돌진하여 두 마리 괴물이 자유롭게 날아오르듯 우리는 물에 뛰어들었다. 그것이 우리의 가장 큰 즐거움이었다.

― 매슈 쇼 Matthew Shaw

올리비아 olivia 🐾

{ 11년 이상 ‖ 골든 리트리버 ‖ 버몬트 거주 }

인간과 반려견 사이에 매우 특별한 유대감을 나타내는 용어가 있다. 살면서 여러 애완견들을 키웠을 테지만 오직 하나만이 특별한 방식으로 여러분과 연결된다. 그 애완견이 바로 여러분의 '마음의 반려견'이다.

내게도 그런 반려견이 있다. 어쩌면 올리비아와 나는 함께 훈련을 하고 여행을 하고 경쟁도 하고, 또한 함께 병원과 요양원과 학교를 방문했기 때문일 것이다. 어쩌면 올리비아가 내가 가르친 것보다 더 많은 것을 내게 가르쳤기 때문일 것이다. 올리비아는 순하고 참을성 있고 사랑스럽고 매우 영리하며, 또한 재미있는 친구다. 올리비아는 나를 웃게 한다. 그리고 언젠가 나를 울게 할 것이다. 올리비아는 내가 상상할 수 있었던 그 무엇보다 가장 좋은 친구이자 동료이자 삶의 동반자다.

올리비아는 내 마음의 반려견이다.

— 애니 글렌데닝 Annie Glendenning

무스, 10년 (도나 트레이시)

고디바, 8년 (빌 하덴)

엘리, 11년 (데비 그란퀴스트)

이노, 13년 (린다 매케이)

그레테, 11년 (미아 클론스키)

월터, 10년 (메리 콘웨이)

스텔라, 15년 (존 마지오토)

샤치, 12년 (로만 스캔런)

펄, 12년 (켄 마군)

워즈덤, 12년, 블러스 9년 (리아 포란)

부스터, 14년 (그윈 데커)

베티 데이비스, 15년 (조앤 알렉산더)

진저, 11년 (줄리 렌프루와 니키 매스트로)

몰리, 14년 (데비 페레츠)　　그레이디, 15년, 폴리, 11년 (앨리 고디노)

루비, 13년 (카키 피셔)　　샤기, 12년 (타니아 게르스텐베르거)

리코, 16년 (펠리스 엘리스)

마르셀로, 11년, 머리, 8년 (마이클 조지프스)　　듀어, 10년 (마고 폴리)

오크, 11년 (빌 스위니)

글로리, 13년 (투 프렌치)

매기, 13년 (돈 켐퍼)

릴리즈 레거시 노령견 보호센터의 개들, 12-16년 (앨리스 메인)

사지, 18년 (에린 오브라이언)

일라이어스, 8년 (캐시 님머)

몰리, 11년 (베스 사라데리언)

감사의 글 🐾

나는 남편, 아서 클론스키Arthur Klonsky의 흔들림 없는 사랑과 지지에 특별히 고마움을 전하고 싶다. 늘 곁에서 내게 힘이 되어주는 아서는 나를 계속 밀어주고, 필요할 때 명확성을 제시해주었을 뿐만 아니라 맛있는 특별한 요리로 내가 건강하게 활력을 유지할 수 있도록 해주었다. 아서는 내게 든든한 버팀목이다.

놀라운 재능이 있는 내 딸, 케이시 클론스키Kacey Klonsky에게도 고마움을 전한다. 케이시는 늘 나를 지원해주었고 내 프로젝트를 영상물 시리즈로 확장하는 작업의 즐거움도 나와 함께 나누었다. 나는 케이시가 깊은 영혼과 끝없는 창의력을 지닌 젊은 여성으로 성장하는 모습을 지켜볼 수 있어서 정말 기쁘다. 또한 모든 반려견들을 위한 내 열정을 딸과 함께 나눌 수 있어서 행복하다.

나는 이 프로젝트를 가능하도록 도움을 준 창의적이고 재능 있는 사람들에게도 감사를 드린다. 대단한 실력의 예술가자라 바스케스-이븐스Zara Vasquez-Evens는 반려견의 발자국 디자인과 '조건 없는 아름다운 사랑Unconditional'이라는 제목의 독창적인 활자체 같은 눈길을 끄는 멋진 디자인으로 이 프로젝트에 신선한 관점을 불어넣었다. 디자이너이자 작가이며 창작자인 크리스 크로퍼드Chris Crawford는 책으로 낼 거라고는 꿈도 꾸지 못했던 프로젝트의 시작부터 나와 함께 일했다. 크리스는 내가 앞으로 나아가도록 도와주면서 나의 분신 같은 존재가 되어주었다. 내가 '더 그레이 머즐 단체The Grey Muzzle Organization[1]'를 통해 처음 만난 케이틀린 마군Kaitlin Magoon은 노령견 구조를 위한 열정, 글쓰기와 소셜미디어 분야의 뛰어난 능력, 연구와 계획을 위한 재능으로 내 프로젝트에 참여했다. 에반 니센슨Evan Nisenson은 내가 실행에 옮기기도 전에 무엇을 떠올리는지를 잘 알고 있었다. 에반은 나와 프로젝트를 신뢰했고 트위터가 무엇인지도 몰랐던 나를 위해 트위터를 시작했다.

'AKC 패밀리 도그'라는 애완동물에 관한 잡지에 내 프로젝트에 관한 글 '오랜 친구, 반려견과 함께Older Dogs, Deeper Love'를 기고한 리사 워들Lisa Waddle에게도 고마움을 전한다. 그 글의 제목은 자랑스럽게도 이 책의 부제로 사용되었다.

또한 놀라울 정도로 유능한 내셔널 지오그래픽National Geographic 팀에게도 감사를 드리고 싶다. 내가 자랑스럽게 말하는 사람들은 모두 여성들이다! 유능한 편집장 브리짓 해밀턴Bridget Hamilton에게 나와 프로젝트를 믿고 대단한 실력의 팀을 함께 밀어주어 감사를 드린다. 팀원으로는, 편집하는데 수고를 아끼지 않은 모리아 페티Moriah Petty, 놀라운 안목으로 내 사진을 편집해준 로라 레이크워Laura Lakewa, 기분 좋은 디자인으로 나를 미소 짓게 하는 케이티 올센Katie Olsen이 있다. 이 모두에게 사랑과 고마움을 전한다.

나는 반려견들과 함께 사진을 찍을 수 있도록 그들 각자의 집으로 나를 환영해준 사람들 모두에게 큰 신세를 졌다. 이 책은 그 사람들의 일부만 포함되어 있지만 모두가 나름대로의 아름다운 방식으로 내 프로젝트에 기여를 했다. 마음속의 이야기를 내게 나눠준 모두에게 진심으로 감사를 드린다.

1) 위험에 처한 노령견의 삶을 개선하기 위해 노력하는 자선단체.